极简力

内心越是丰盈，生活越是素简

小野 著

中国出版集团
现代出版社

目 录

PART 01
越简单，越精致

过不持有的生活 _2

极简力是身心的加法 _7

你的身体和心灵都需要减负 _11

少就是多 _16

与家庭整理、收纳相比，极简是一种态度 _21

囤积是内心混乱的信号 _25

极简是一场自我修行 _33

幸福不是你想要的，而是你拥有的 _37

PART 02
欲望极简：
不盲从、不跟风

你的精力都花在了哪里？ _42

为了好心情而简单生活 _51

夺回被欲望占领的生活空间 _55

90% 的杂念会影响 10% 的真实生活 _60

专注才会有品质 _64

什么才是你真正想要的东西 _68

PART 03
感情极简：
不攀附、不将就

"化简为繁"的正是我们自己 _72

情感要平淡，要适可而止 _75

简单、直接、清楚地表达 _79

生活就是要不断地选择和放弃 _83

从收拾心态开始，人生会再次启动 _89

自立、自由、自在的成熟气质 _92

目录

PART 04
物质极简：
不迷恋、不堆积

21 天，过上想要的生活 _98

要买确有必要的最好的 _102

你的屋子，就是你心灵的映照 _107

关注物质，就会永远舍不得 _110

东西要被欣赏和使用，才有价值 _114

"没有了就会很不安" _119

什么是时尚？法国人只需十件衣 _124

PART 05
工作极简：
不拖延、不抱怨

找回对自己的信任 _130

任何事情都可以归为四类 _134

一次只做一件事 _138

办公桌和工作能力，一目了然 _143

能立刻解决的，现在就做 _148

清理你的缓存 _151

PART 06
生 活 极 简：
不花哨、不浪费

放弃无用的社交 _156

简约而不简单的生活，职场女性的简易养颜经 _162

理财，要理得清晰、开心 _169

慢生活，珍惜身边的小确幸 _173

亲近生活吧，简而美地过生活 _178

为自己的成长"买单" _184

PART 01
越简单，越精致

只有不持有，
才能看清每件事物的价值，对你的意义。

只有不持有，
才不会被欲望所束缚住。

过不持有的生活

在阅读这本书之前,我想问你一个问题:你觉得此时此刻的你拥有什么?请闭上眼,认真思考一分钟。

当你睁开眼的时候,你的眼前一片阳光。相信你在这一分钟的时间里,想到了贴心的亲人和伴侣、乖巧的孩子、还算不错的工作、几个能聊得来的朋友、一间虽不大但是很温馨的房子、有一辆可以走遍天涯的小轿车、一只可爱的狗狗或者猫咪、也许还有可观的银行存款等,但是,亲爱的,请你再认真想一想,当你老了,坐在阳光下晒太阳的时候,你又拥有什么呢?刚刚脑海中想的那些还在吗?

你拥有的,是免费的阳光、舒畅的空气、生命的律动,简单地说——是你自己。

也许你会觉得这么说过于天真,也许你会说,不对,我明明拥有那么多,怎么都不算呢?你要知道,

PART 01
越简单，越精致

亲爱的，那些都是点亮你生活色彩的装饰品，是你努力奋斗的结果。所以你看，其实你拥有的是你自己的思想，你想到了什么，你自己去努力实现，才拥有了那些物质生活。

而生活本身，是不持有的。

这也是这本书所倡导的，你要跳出"我执"的想法，当那些迷乱的物质都被清除后，留下的将会是心灵真正的渴望，你将会体会到纯粹而又单纯的乐趣。**这就是不持有的意义，简单、自由即最美，除此之外，皆可不要。**

日本自由文字工作者金子由纪子曾大力倡导"不持有的生活"，这种生活并非省吃俭用或者搞到家徒四壁的节约生活，而是不持有"非必要物品"的生活态度，没有杂念扰乱内心、抑制购买廉价物品的冲动不去10元小店等。金子由纪子的观点是：

超过自己管理能力的物品，不持有；
不留恋的物品，不持有；
无法回归自然或转让给其他人的物品，不持有；
和自己或自己的生活风格不符的物品，不持有。

而极简的生活，首先要学会"不持有"和"放下"。**若能放下，你就强大**。不管是感情和物质，都要学会放下。只有不持有无用的欲望，放下杂念，才能够找到真正的自我。**在短暂的生命中将一些我们不是很想要的东西舍弃，把时间或空间留给更重要的人、事、物**。用"少量物品过悠闲生活并从中获得快乐"的生活，才是生活纯白的本质。

你可能会说，我这么努力生活，就是为了好好享受生活，不拥有的话，我还怎么享受人生呢？你错了——**享用一样物品，未必要真正持有它**。例如，你不必拥有一个每天打理直到厌烦的花园，你可以去家旁边100米处的街心公园，去那里享用它的美好和新鲜空气，顺带还锻炼了身体。只要你愿意，整座花园都为你所拥有；你也不必拥有那些艺术家的作品，把它们藏在黑暗的箱底直到遗忘。你可以去5公里外的艺术博物馆，在那里尽心看遍每一幅字画，欣赏每一处细节。只要你愿意，整座博物馆都为你所拥有。如此看来，你也不必拥有跑步机、游泳池，开阔宽敞的马路、微风徐徐的清晨的公园，全都可以成为天然舒适的跑道。

客观地看待事物，抱有"不持有"的心，才能看清每件事物的价值以及对你生命的意义。不要被欲望和贪念所

🏷 你不必拥有那些艺术家的作品，把它们藏在黑暗的箱底直到遗忘，你可以用好看的落叶、果实拼出一幅自己的艺术作品。

束缚，那是生命的无底洞，你会迷失掉自己，最终被吞噬所有。不要把宝贵的时间和精力去跟一些廉价、不喜欢、根本不用的东西相处，不要过被杂物拖累的人生，不让物欲泛滥，只有物质的进出平衡，身心才能得到平衡。人的需求总是在变的，每个阶段都有每个阶段的需要。所以，不能固执地将自己困在一个点上，执着于物质的结果，无法让自己去接受新的事物，或者影响新的事物。世界每天都在变化，每天的你也都不一样，流动的态度看待事物和自己，定期地审视自己，看看自己是否快乐，是否想要的过多而放下的太少，是否执着于不必要的东西。

如果说在物质匮乏的年代，人们需要靠囤积物品来增加安全感的话，那么，在这个任何物品都唾手可得的年代，我们已经能够实现窗明几净、家无一物的轻松生活。

可以说，不持有的生活，现在正是最好的时代。生活中的每一个时刻，都是美的，只看你的心是否能够领悟。

极简，才是最有力的生活。

PS：另外，请你牢记，最好的东西都是免费的：雨后的蓝天、花香，还有亲爱的老爸老妈。

极简力是身心的加法

几年前我出差的时候，顺便去一位很久不见的朋友家拜访。临别时，她从阳台拿出几大袋子的图书，说她正在追求极简主义，这些书都是一时兴起买下的，基本都没拆开过，白白放着占用空间，扔了或者卖掉又太可惜，知道我是爱书之人，问我是否可以收下。我简直如获至宝，心里嘀咕：什么简约主义啊！我可别染上了！好好的东西拿去送人，我可舍不得！随即拖着几个大袋子坐火车又倒汽车，不辞辛苦地背回了家。然后呢——那些书只看了十之一二，剩下的我也没翻过，要么是没时间，要么是不感兴趣，总之，它们常年堆放在书柜的最底层，占用了大半个空间，暗无天日。

近几年由于生活的稳定，家里的东西越来越多，深感空间不够用，房子不小却显得凌乱拥挤，本来宽敞空荡的各种柜橱里也变得逼仄狭窄，每每开启的时候都小心翼翼，生怕塞得太满会掉出来。

小时候经历过物质匮乏的年代，不浪费物品的思想一直深植内心，一针一线都要珍惜。导致后来我又以为拥有得越多，生活就会越富足，却不知生活被越来越多的东西所淹没，心也随之迷失。花在家务活上的时间和精力与拥有物品的数量成正比，一旦疏于收拾整理，家里就会一团乱，很多需要的物品动不动就玩"失踪"，新买的东西也时常不知道放在了哪里。家本来是一个休息舒适的地方，结果却因物品的繁杂而让身心得不到放松，心生逃避之后，我陷入了严重的自我责备与自我厌恶中。

直到有一天，当看到书柜中朋友送的几大包书的时候，我想通了：这些东西真的都是我所需要的吗？这样不断恶性循环的生活真的是我渴望的生活吗？

谁也叫不醒一个装睡的人，一个人改变自己的前提是他内心渴望改变，这样才能触发到关键点。而改变一个人最重要的是观念，观念决定习惯，习惯决定行动。

而我渴望改变。

我开始尝试和朋友一样，过极简的生活，也逐渐体会到了极简不是一无所有，而是另一种拥有。

PART 01

越简单，越精致

　　我们并不是要抛弃自己，无欲无求。而是要正视自己的需求，正视自己的拥有。极简不是生活的减法，它是身心的加法。

　　只有不再拥有过多的东西和欲望，人的精力才能从中解放出来。当你的关注点不再被那些繁杂的事物所迷惑时，真正的生活就会自然地出现在你的面前。再简单不过，却又再美丽不过。当外在的诱惑少了，内心才能得到真正的快乐。

　　也许很多人跟我一样，在刚开始的时候放不下，认为拥有才是最好的，觉得当看到自己有那么多东西时才是幸福的，外在的诱惑对他们而言，是那么美丽。他们用了那么多的精力和时间去追逐那些所谓的美好。可当心灵和物质空间被这些东西堆积得无法呼吸时，剩下的只有迷茫。这就是为什么在这个物质和精神世界都极为丰富的当代，还有那么多年轻人不快乐，甚至患上抑郁症的原因。

　　现在的生活节奏如此之快，别再让外物对你造成不必要的拖累，尝试把你的家变成一方净土，为负荷的心灵减减压，只有心"简"了，才能算是真正意义上的"极简"生活。

生活做减法,身心才能做加法。

只有不再拥有过多的东西,不再被过多的感情所纠葛,不再被过多的牵挂所束缚,不再被外界那些诱惑所扰乱心智,才能有更多的时间去关注自己,发展自己,寻找自己的方向和路,倾听内心最真实的声音。

只有摒弃了那些干扰我们的因素,才能够真的潜下心来去做一件事情。专注地、无他地、全身心地进行自己的生活。

不再迷茫,不再犹豫,不再在众多选择前踌躇不振。当你知道了自己想要什么的时候,轻装上阵才能走得更快、更稳。

当我把几大包的图书和其他零碎整理之后,我发现我的内心前所未有地快乐起来。每天早晨温煦的阳光照在床上,爬起身来,伸了个大大的懒腰,看向窗外因无障碍物阻挡而一览无遗的美景,看到每一处都闪耀着光芒,简简单单,生活是如此美好。

你的身体和心灵都需要减负

我的朋友玲子，内心和身体都是"虚胖"。

玲子今年大学毕业，在一家外企做销售助理，初入职场，每天上班、下班、应酬，忙得团团转，恨不得睡觉的时候都在工作，根本没时间去做自己想要做的事情，我们约她小聚也总是推脱掉说要加班。半年后的一天，当她终于出现在聚会上的时候，吓了我们一跳：22岁本应水水嫩嫩的脸蛋，蒙上了一层灰，整个人像霜打了一样有气无力。她说她迷茫了，每天这么拼命工作，年底的时候发现自己除了胖了10斤之外，什么都没有，突然找不到人生的方向，不知道为什么而活。

玲子向我们描述了她目前的生活状态：工作压力很大，下班回家累得妆都懒得卸，倒头就睡。晚饭用方便食品或者叫外卖来填饱肚子。经常消化不良，不规律的生活引发内分泌失调，导致虚胖，脸上直冒青春痘，用再贵的护肤品也无济于事。

为了调理身体，玲子和众多白领一样，选择去医院、美容院进行调理。钱花了很多，但还是老样子。看着发胖、长痘、脸色铁青的自己，玲子越来越不快乐。所以才找到我们来倒苦水。

这时候，我想起了我的另一个朋友阿兰。

阿兰比玲子大五岁，看起来却比她年轻很多，皮肤保养得非常好，带有一种自然的美感。每天都很快乐，是众多人羡慕的"女神"。

有一天，她约玲子去吃饭，选了一个十分朴素的地方。店内包间的装饰很简单，白色的墙上没有任何装饰品，地面也是白的，只有在店的一角有一株高大的绿植。在玲子见惯了琳琅满目的装修风格和装饰品后，这样简单的装饰反而出奇地舒适。

"你的不快乐在于想要拥有的太多，那些都不是必要的，太复杂和太多的重负只会让我们活得很累。"阿兰一句话点破了玲子，她告诉玲子，自己之所以显得年轻，是因为心灵一直都很放松。她每天都有着自己的生活模式，即使工作再累，下班后也不允许自己把这份疲惫带回家中。

PART 01
越简单，越精致

"我们的精力只有那么多，你在无所谓的事情上消耗得越多，留给自己的就越少。总是去外面应酬，玩到很晚，自然会休息不好，缓不过来。总是放不下很多事情，心就会很累，感觉一直负着重担前行。总是不能舍弃无用的东西，家就会成为垃圾场，住在垃圾场中，整个人自然不会好起来。总是把简单的事情弄得复杂，人就会很疲惫，最终身心都劳苦不堪。"

"可是我怎么能做到你这样呢？"玲子觉得自己也该有所改变了。

阿兰笑着让玲子请几天假，跟着自己住上几天。在这几天中，玲子关闭了手机，每天跟着阿兰一起早睡早起，自己在阳台种菜收菜，不用化妆品，只喝清水，每天慢跑1小时。一周之后，奇迹般地瘦了5斤。

玲子恍然大悟：自己的内心和身体，都是"虚胖"！我们被欲望撑得"虚胖"、被物质撑得"虚胖"、被权力撑得"虚胖"、被声色世界撑得"虚胖"，我们改变不了这个"虚胖"的世界，但是我们可以改变自己的内心，让它回归安静，"瘦"下来，美起来。

我们的精神如果一直处在疲惫状态，就没有更多的精神去做想要做的事情，也没有更多的心思去思考自己的生活。就会如玲子一样，陷入焦虑和迷茫的状态。

过多不必要的社交生活也会影响一个人的身心健康，令人感到疲倦。或许当时还是快乐的，但过后该面对的依旧要面对，只是精力变得更差了而已，更没有心思去改造自己的生活。

追求幸福，追求快乐，就要简单地生活。让身体和心灵都得以放松，让它们处在最好的状态。你要知道，疲惫的人是无法走太远的。

玲子随着阿兰生活几天后，悟出了这些道理，她决定用行动改变生活。回到家中，玲子将家里收拾得干干净净。把那些不穿的衣服和鞋子整理好了捐给了救助所。将那些精美但没用的装饰品送给朋友们作为礼物。将家中所有的不需要的东西都扔掉。用多功能的收纳将乱七八糟的东西都收得整整齐齐。一下子，家好像变大了很多。

拉开窗帘，阳光透进来，屋子立刻变得明亮。玲子

PART 01
越简单，越精致

也感受到了那种舒适，整个人放松了下来。

下班后玲子尽量少加班，不再点外卖，而是回家为自己做上一桌简单的饭菜。每天吃完饭就去外面散步遛弯，回来后看看书，做面膜睡觉。经常给父母打电话，偶尔和关系要好的朋友出去。

简单的新生活过了没多久，玲子发生了改观：皮肤状况变好了，胃也不再恶心不消化，体重也恢复了正常，不用再去医院和美容院，她的状态就像是变成了另一个人。也不用那些昂贵的护肤品，皮肤自然变得红润光泽。精力充沛，好像获得了新生。

更重要的是，玲子现在葆有一颗纯洁、意气风发的内心。

当你能够清晰地看到未来的时候，请你和玲子一样，选择改变。

少就是多

在一百多年前,美国的一名哲学家曾经在湖边建了一个小屋。他抛弃了当时自己所拥有的一切,独自一人,安静地思考、生活。两年后,他把这种生活写成了一本书——自然朴素主义的文学著作《瓦尔登湖》。这个哲学家就是梭罗。

梭罗毕业于世界闻名的哈佛大学,他可以和当时很多人一样从商或者从政,作为家族最后一个男嗣,他可以和很多人一样选择去闯荡花花绿绿的世界。

但他没有。

他选择了心灵的自由和闲适,选择了瓦尔登湖。

在瓦尔登湖,他悟出了一个道理。

"如果一个人,能满足于基本生活所需,便可以更从容、更充实地享受人生。一个人放下得越多,越富有。"

PART 01
越简单，越精致

一个人的时间和精力是有限的，如果这有限的精力和时间都被没有必要的东西所浪费，那么最终剩下的能够自己支配的，就变得少得可怜。

生活中有太多的诱惑在分散着我们的注意力。我们想要这个、想要那个，我们的欲望很多，快乐很少。

就好像衣服越多的人，越不知道该穿什么好，越觉得自己没有衣服可穿。口红越多的人，出门前越不知道该选择什么色号搭配。

我们有的太多了，反而无所适从。而真正需要的东西总是被埋没其中。

宝贵的时间和精力就在这无形中被浪费，我们也渐渐迷失在其中，寻找不到方向。太多的东西，让我们疲惫不堪，甚至连身边的幸福都无法抓住。

多，有时候并不能带来什么，反而会使人一无所有。

Facebook 的创始人扎克伯格就是一个极简主义的奉行者，作为最年轻的亿万创业富翁，他又被称为比尔·盖茨第二，不管去哪儿，他都只穿最基本款的灰色的短袖。无论是媒体采访、演讲，甚至领奖时，他都不会用花哨的服装来装扮自己。对此，他说："我希望我的生活能够过得很清楚，因此我必须尽可能少地作抉择，我应该把精力花在如何更好地服务我的用户这件事情上。"

同样，美国总统奥巴马也有着一样的理念，"你会看到我经常只穿灰色或蓝色的套装，因为我不想在吃什么穿什么这种事上浪费太多的精力，我还有很多重要的决策要作。"

越是成功的人，越知道如何精简，越知道时间和精力应该如何分配。不被无所谓的事物所扰，将精力用在真正有意义的事物上。

精简了物质，精简了社交，精简了爱好，就精简了生活，留下来的是必需品，不必再为了选择而浪费时间和精力。**不必在比较和挑选中，忘记自己的真实意图。**

一切都是那么简单明了。

PART 01
越简单，越精致

少就是多，我们很清楚自己想要的是什么。将有限的能量集中在一起，才能发挥最大的作用。分散开来只会让自己的身心感到疲累。

不在乎数量，而在乎质量。少而精，是一个重要的概念。

人的能量是有限的，一旦耗费在无关紧要的事物上，就没有多少可以用在真正需要的事情上了。

因为少，所以专一，不必分心，不必思前顾后，能够更为精进地去做一件事。

因为少，不用花费时间去选择，让自己更加从容不迫，淡然地面对眼前的事情，有着更充足的精力和精神。

因为少，不用耗费更多能量去维护，给自己更多的时间去审视自己的需求，时刻了解自己，调整自己。

少一点物质占有，多一些精神体验。**提升审美意境，内心回归平静。不害怕错过什么，也不担心失去什么，这才是人生最好的状态。**

🏷 少一点物质占有，多一些精神体验，
提升审美意境，内心就能回归平静。

🏷 你无需去买昂贵品种的花，大自然中的青草、
绿枝尽是你可以发挥创意的素材。

与家庭整理、收纳相比，极简是一种态度

"极简？极简不就是收拾东西扔东西吗？这个还要学吗？"

一个春日的下午，阿雅坐在咖啡馆的沙发上边搅动咖啡，边漫不经心地说出了这句话。

这并不奇怪，当我跟朋友说起"极简"概念的时候，他们十有八九都是这个反应。

"极简并不是像家庭主妇一样，每天围绕家里的大事小情团团转，洗衣做饭收拾碗筷这么简单，这只是家庭的日常事物，换成男方做，也是一样。**极简，是由外而内，再由内而外的心灵力量。**"

当我说到最后一句的时候，阿雅的搅拌棍顿了顿。

"跟很多人一样，刚接触极简的时候，我也曾单纯地认为，这不就是家庭收纳断舍离嘛！我天生就会

啊！但是后来，事情并没有向我想象得那么简单，当时的我坚持每天收拾屋子打扫房间，但是依旧觉得房子太小东西太多，内心如这堆满的物质一样，快要爆炸。你也知道我当时租住的小屋，根本放不下多少东西。后来，我开始关注自己，而不是物质本身，每增添一样东西，我都会问自己：这是我必须要买的吗？有替代品吗？有了它我的生活会更好吗？这个问题我会认真地思考3天以上，如果确有必要，才会买回家。慢慢地，我学会了选择，学会了思考，内心前所未有的自由，也无比快乐。

"这才是极简的艺术。它能清除你外在的干扰，让内心轻盈，用清净心看世界，你又会变得无比快乐，整个人是放松的，但又极自律。这样循环的正能量，让生活变得丰富起来，连天空的云彩都是美丽的，都是我现在拥有的快乐。"

阿雅的眼睛亮起来了。她找我来谈心，是刚刚跟老公吵架，原因是阿雅逛商场看到了一件衣服在打折，老公觉得这件衣服并不适合阿雅，而阿雅觉得价格还算合理，买下又何妨，两个人在商场吵架后阿雅就直接约了我出来。

PART 01
越简单，越精致

"所以你老公其实是对的，你为什么要花钱去买一件便宜但是不适合自己的衣服呢？仅仅是图个便宜吗？这样的话，过两天你就会把它放在衣柜里等着发霉。不信你自己想想，这种事情你做了多少次了？"

阿雅不说话，我知道我说中了。

所以，生活中的阿雅们，不要为了一时的便宜而买了并不需要、并不喜欢的东西，这样买回来的，只是廉价的思想，除了占领空间，它什么都不能给你带来。

而极简，也并不只是简单地做家务，更不是简单地进行整理劳动就可以达到的精神境界。极简是在整理和收纳的过程中，得到精神上的愉悦和满足，是一种生活态度。**用最简单的方式，得到最充实的人生。**

抛弃无用之物，寻找生命中真正有意义的过程。从复杂的关系中解脱出来，从而找到自我，得到真正的欢愉。

让身心从嘈杂中得到解脱，使浪费能量的事物远离自己，更加轻松愉悦地享受生活，享受自己的人生。

整理收纳，是实现极简生活的一个途径，一个必需的行动。一个人的家代表着这个人的内心世界。内心世界平和，逻辑清晰的人绝对不会允许自己的家乱七八糟犹如垃圾场。一个向往简单生活的人也不会在家堆满毫无用途的杂物。

当我还想问阿雅要不要一起吃晚饭的时候，阿雅已经拿起手机给老公打电话说要回家了，我知道，阿雅再也不会因为一件正在打折的衣服而纠结了。

囤积是内心混乱的信号

大学刚开学的时候，舍友小娜光卫生纸就拉来了三大包，开始我以为是打折便宜买得多，后来才发现，她什么都囤着，在宿舍连快递盒都囤着好几个尺寸。每次宿舍打扫卫生，她的东西永远理不清。

突然，有一天，当她拖着两大箱方便面出现在宿舍门口让我帮忙时，我彻底疯狂了："你为什么总是买这么多放着！学校旁边就是超市，100米的距离！你就不能买几盒吃完再买吗?！"

她拖着方便面，无辜地看着我。

"我……我就是随手买了两箱……我也说不清为什么要买这么多……"

说完，蹲在地上哭了起来。

这次争吵之后我俩也从此不再过话。

毕业两年后的一天，当我在超市经过方便面货架的时候，我突然想起了以前的那一幕，心里很愧疚，于是给小娜打电话想见见她，没想到她答应得很痛快。我们就见了面。

如果不是她自报姓名，我简直以为我眼前的小娜不是大学时认识的小娜。一身棉麻裙，头发松散地披着，浑身上下充满了舒服的气息。而我印象中的她，永远拖拖拉拉，头发乱蓬蓬的。

我刚要开口道歉，她却说："我知道你想说什么，当时的我，内心完全迷失了方向。"

原来在毕业找工作时，小娜突然发现自己什么都想要，她去了好几个不同行业的公司面试，拿了好几个 offer，但是就那么堆着，完全不知道自己到底想做什么，去哪家公司，哪家都行，可是哪家又都不行。清理宿舍的那天，她看着自己满满当当的行李，突然发现，这些都不是她想要的。

"当时我真的是不知道该怎么办，能怎么办，我就把所有东西能送人的送人，能扔的都扔掉，只拉了一

PART 01
越简单，越精致

个行李箱回了家。我认真思考了3个月，把22年的生活都想明白了，我把所有的工作列出来，我的优势和劣势也都写出来，一个一个划掉又加上，直到后来我确定了我到底想做什么。于是，我就这么过来了。"

我很高兴看到她的变化，"说起来，"小娜笑笑："当时自己买方便面的时候就是无法控制自己。连方便面都无法控制，怎么能控制人生？"

其实这事儿也不怪小娜。每到夏冬打折季，日本东京的各大商场就会被人群淹没，甚至有些外国人专门去日本抢购所谓的打折品。超市一旦打折，就会引来很多人囤积货品。

这样的囤积会变成生活的负担。衣柜放不下过多的衣服，堆叠在一起还会有褶皱，反而降低了衣服的品质。买了过多的护肤品，随手收起来，拿出来的时候可能都过了期。

当你面对乱糟糟的屋子和柜子，每个角落都充满着零碎物品，你会不自主地开始烦躁，你的内心会更加不知所措。因为你的屋子充满了东西，你的眼里充满了东西，你的心里，也就充满了东西。

　　这样的结果是当初抢货、购买的时候所希望的吗？我们购物是为了让生活更快乐、更幸福。囤积并不能带来幸福，相反，它是内心混乱的信号，是缺乏安全感的表现。

　　人只有在害怕时才会疯狂地购买东西，就好像一旦自然灾害或者是战争等灾害出现，人们就会去超市抢购囤积商品一样，是对未来不确定的恐惧产生的焦虑。这种现象又被称为"囤积综合症"。

　　喜欢囤积旧物的人放不下过去，不敢去看未来。他们总怕旧物丢掉后就忘了过去，一直流连在曾经的小时光中，不肯接受现实，也不肯去接受未来。他们往往是现实生活中不太如意的人，也往往对自己的未来没有信心。不认为自己可以过上更好的生活，会有更好的事情等待着他们。只好在旧物中寻求曾经的温暖，来获得安慰。

　　这类人是对自己缺乏自信，也缺乏行动力。

PART 01
越简单，越精致

喜欢囤积生活必需品的人总是害怕东西用完后怎么办。很多中老年经历过贫穷的人，会选择在大减价的时候买一堆这类物品，一用就用上很久，甚至几年。这样即使出了新产品也没有办法买，即使东西并不好用也只能硬着头皮去用。尤其是食物，更是容易变质，吃不到新鲜的味道。

这类人对自己的财务情况缺乏安全感，可以说有种贪小便宜的心理在里面。

很多喜欢囤积非必需品的人，比如过多的衣服、鞋子、包包、小物件、装饰品等的人内心是空虚的。这些非生活必需品，但又和有收藏价值的收藏品不同。囤积这些物品的人往往对整个生活都没有安全感。不断地买买买，是他们来填充空虚的办法。他们往往看起来光鲜亮丽，但其实内心却是一团糟。这些非必需品满足的只是拥有的欲望。

这类人很迷茫，找不到人生的方向。

囤积这个行为出现后，就带来很多相应的烦恼。不管是影响的心情还是压缩了居住收纳空间，都会让

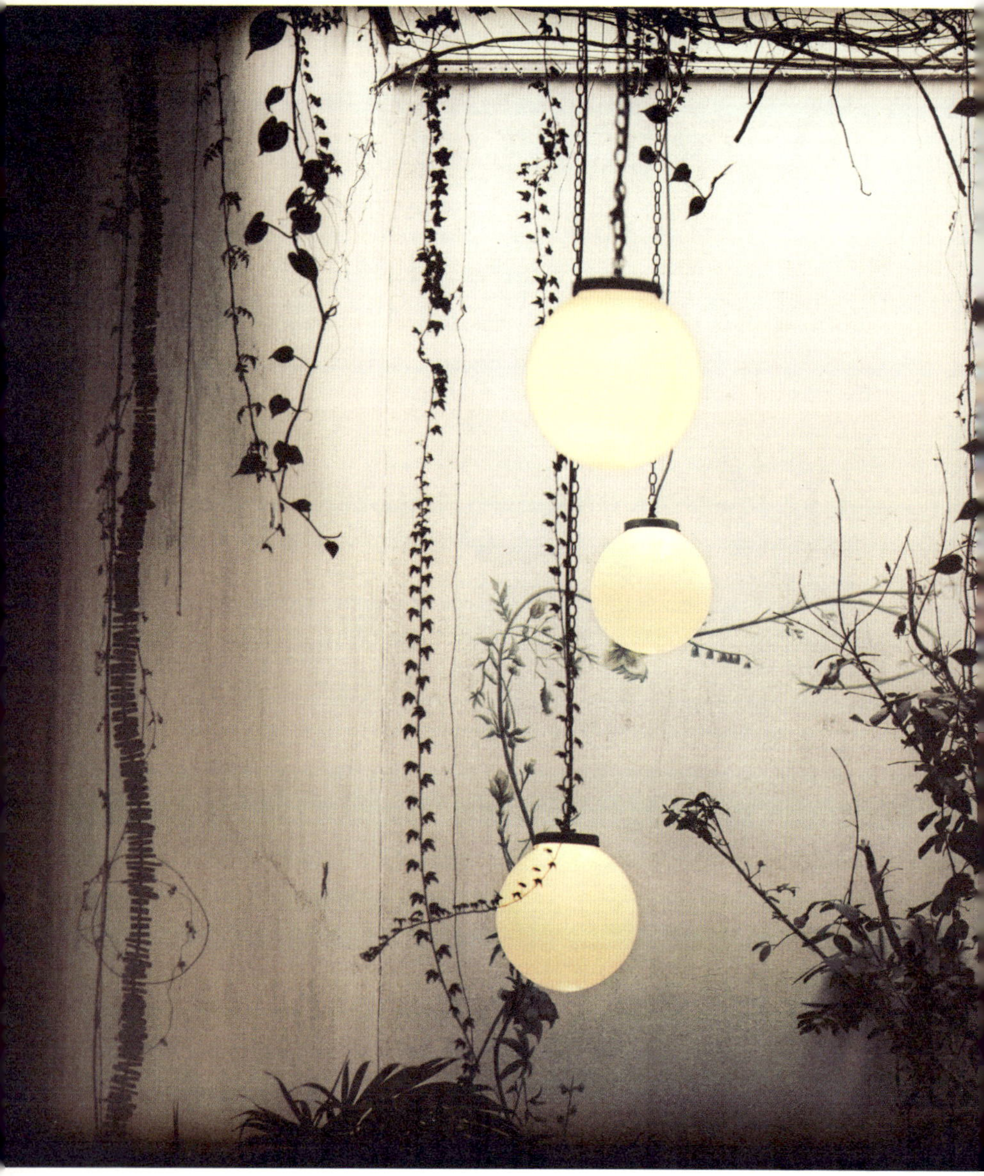

把阳台或院子的小角落囤积的你根本不用的东西处理掉，用爬藤植物和两三个吊灯装点起来，既点亮了黑暗的角落，更是照亮了内心，去掉囤积的杂物，你的焦虑也会随之减少。

人处在焦虑的状态。囤积不会让生活变得更美好，只会让自己本来烦乱的内心更加焦躁。

极简，就是摒弃这个坏习惯。不给家里随便增加物品，将不需要的东西扔掉或者送人。不再囤积这些由于不安全感带来的副产物。

当囤积了太多东西后，人也会处在焦虑的状态。面对越多的东西越无从选择，怎么也无法消耗完这么多东西，甚至还要维护，经常去擦拭这些东西。这些都在无形中耗费了不少的心理能量，让人一直处在一个不健康、忙碌的状态。

但这些忙碌除了耗费时间和精力外，并没有任何其他意义。东西越囤越多，内心也随着淹没在物欲中越来越深。极简就是将你从物欲的横流和囤积的恶习中解放出来。

人拥有的东西越多，安全感有时越少。而相反，**有时候拥有的东西少了，焦虑也随之减少，不再怀疑自己，恐惧未来。**

当你的眼里不再充满物品，你的内心一定会有花香。

极简是一场自我修行

有一天，我收到一份快递，是小 A 寄给我的几支未拆封的口红。

我一看，都是大牌，连忙打电话问小 A，如此贵重的礼物怎敢收下？小 A 电话里却说，"姐，你收下吧，我昨天清理梳妆台，发现我居然买了小 30 支口红！30 支啊！我一个人怎么用也用不完啊！都是当时看介绍喜欢就买下来了，你说，人就一张嘴，我要怎么多干吗？你就算替我用啦！"

挂了电话我在想，小 A 说得对，人就一张嘴，口红却买了那么多支，挨个用完要用到什么时候呢？但问题是，为什么要买这么多支口红呢？

日本有一句哲言：若觊觎你不能决定的东西，你将陷入不幸。人类不幸之原因在于贪恋、占有欲和自我。哪怕一支小小的口红。

我们要过的是不持有不必要物质的生活，回归内心的本质，要了解什么是自己最需要的。从心灵上，从物质上，都要列个单子出来，贴在醒目的地方，时刻告诉你，除了这些，其余的皆可舍弃，没必要花费精力和时间去追寻。

那些不属于自己的人，不属于自己的奢侈品，不属于自己的器物都是可以扔掉的。在他们身上进行过度的投入，对自己本身也不会有什么意义，反而会影响本来简单的快乐。

试想，如果你的手上拿满了无用的东西，又不肯放下，当一件你喜欢又需要的东西出现时，你又如何去抓住呢？

极简生活，是由外向内，再由内向外的一场寻找内心平静的自我修行。很多人只是简单地做到了扔扔扔，但是精神上并没有欢愉，还是不快乐。

有很多人误以为极简就是苦修，是让生活回归于最低限度仅够温饱。这是错误的说法。**极简是修行，不是受苦**。极简的目的是化繁为简，以最简单的方式

PART 01
越简单，越精致

获取最大的幸福。

追求幸福才是最终目的，和受苦是完全不同的概念。

所谓的自我修行，就是在不借助外力的情况下，进行自我检视，寻找自己不快乐的根源。将生活中没有必要的、耗费精力的事情摒弃，认真地把握所拥有的一切，独立思考自己真正想要的生活。

脱离了盲从，脱离了浮躁，不再受欲望控制，不再被杂念影响，不再因他人而扰乱思绪。

就好像那些禅修的高僧，无论外界如何变幻，无论诱惑多么垂涎欲滴，他们的心永远保持着平静。

并不是将生活中不必要的东西去除就是吃苦。生活必需品依旧是必要的，健康和舒适的生活依旧是准则。只是不再需要那么多没有实际意义的繁杂的辅助物品而已。

就好像改吃纯天然的食物，并不是要降低味觉体验，让人吃不美味的东西一样。

极简是要放下心灵和物质的重担，从令人无法呼吸的重负中解脱出来。剪去生命中那些贪婪吸取我们能量的枝杈，好让我们的主干得到更为健康的成长。

与欲望对抗，找回本我，是生活的另一种可能。

极简是一种舍弃的过程，同时也是拿起的过程。在不断舍弃不属于自己的东西的时候，人才能真正了解自己。在不断地抛弃杂念的时候，才能看到最根本的心和愿望。

并不是把家里东西都扔了才叫极简。极简是要留下对自己真正有用的东西。当没用的东西都不再耗费精力时，才能集中地去做好一件事。

抛除杂念，抛除欲望，抛除所有生命中牵扯精力和时间又不必要的事物，才能有足够的能量去做自己。

极简的真正目的，就在于此。

如同禅宗的修行般，极简也是一种修行，一种洗涤心灵的修行。

幸福不是你想要的,而是你拥有的

"我们拥有了太多物质,于是染上了各种各样的瘾,上网成瘾、游戏成瘾、购物成瘾、看电视成瘾……如果没有这些瘾,我们该活得多自在啊!"这是阿惠告诉我的。

曾经的阿惠和很多女孩子一样,喜欢买很多新鲜的小东西,买完了又舍不得扔,只好堆在家里。一个星期去超市一次,买完一星期的必需品后就不会再去买。每天上班下班,在混乱的人际关系中挣扎着。好像身边有很多人,但其实真正需要的时候却发现只有自己。

和普通女孩子一样,阿惠也喜欢买各种漂亮的衣服、裙子、包包和鞋子。家里堆满着各种风格式样的穿搭。但怎么也说不出哪个才是她的风格。她喜欢的东西实在太多了,业余生活都被填得满满当当。但她并没有多快乐,常常一个人静下来的时候疲惫不堪。

在人前，阿惠总是光彩照人，但是多精美的妆容也无法掩饰的是眼神的疲惫。她的生活只有我们这些熟悉的人知道，其实是一团糟的。她经常无法控制情绪的暴怒，又或者是痛哭。

这样子的生活好像陷入了死循环，她不断地想要挣脱却又一次次陷了进去。大家都觉得她应该很幸福，但其实她知道自己根本不幸福。

直到有一天她要出席一个典礼，翻来覆去却找不到一件中意的衣服和配饰时，她觉得自己的人生彻底失败了。她开始自我反省，生活之所以一团糟，是因为自己想要的太多。看见什么就想要什么，别人有什么就想要什么，没有什么就觉得要是有该多好。正因为这无休止的欲望，她才将自己的生活堆积得满满的，心却依旧空虚。

想要的太多，反而看不到自己真正拥有的。**欲望太多，幸福就被忽略了。取代的是永远填不满的空虚。**

在禅宗中，追求得越多，越是种累赘，越不会快乐，**真正的快乐是眼前所拥有的一切。**

PART 01
越简单，越精致

不要再想自己要什么了，去看看身边有什么，去看看自己真正拥有的是什么。你拥有的不是那些衣服、鞋子、包包，而是你自己。你是任何人都无法模仿，任何物品都无法替代的。

不要总是觉得自己缺什么，认真地思考身边所拥有的一切。

再多的物件都不是你的，你都无法带走。它们是独立的存在，你可以使用它们，但不能真的拥有它们。奢侈品、装饰品都是如此。它们可能会给你带来一时的快乐，占有欲，但之后，你还是会通过不停的购买，来让自己的欲望得以满足。

再多的人际关系也都不完全是你的。多少通信录所谓的朋友在你最需要的时候会躲到一边。你可曾知道，谁才是真的关心你的人。

哪些人才是最重要的。比如你的父母、挚友、爱人，这些才是你感情最该投入的地方。

你拥有的只有你自己，独立的心灵，独立的气质。

这是再多的物质也无法替代的，也是真正能够给你带来幸福的。

仔细观察生活，仔细观察身边的事物，就能发现身边不经意的小幸福。而不是那些浮躁的物欲、浮夸的社交所能带来的。

不要让想要的欲望替代你自己的思考。不要为了追求那些自己都不清楚的东西，忽略身边的小幸福。想要的越多，往往越难以幸福。看看你的身边，这些才是你真正拥有，可以掌握的幸福。

多余的财富只能够买多余的东西，人的灵魂必需的东西，是不需要花钱购买的。

PART 02
欲望极简：
不盲从、不跟风

极简，就是要抛弃那些过多的欲望，
夺回被欲望占领的生存空间，单纯地生活着。

不为欲望所控制，不为欲望所吞没，
让自己真实而快乐地生活着。

你的精力都花在了哪里？

面对满柜子的衣服,你是否也曾犹豫过,上班到底穿哪件?

面对一冰箱的食材,你是否也因此发愁吃什么,可真正想吃的似乎永远都不在其中。

面对手机里联系人长长的名单,你是否也曾落寞过,在真正需要的时候却不知道该找谁?

不知从何时起,我们好像拥有了很多东西,但好像又什么都没有。我们被淹没在五颜六色的花花世界中,无数的选择令我们目盲。不知何时,选择困难症竟然成了当代人的通病。我们在欲望中沉浮,选择越多,越无从选择。拥有的越多,却好像什么都没有。

经常有人抱怨精力不够用,每天都很累,提不起精神去做事情。可其实并没有做什么很累的事情,既没有重体力劳动,也不是那种消耗式的脑力劳动。那么,

PART 02
欲望极简：
不盲从、不跟风

精力都用在哪里了呢？

有科学统计，人的精力的大半部分其实是花在了上述毫无意义的琐事上。

你的精力花在了哪里，决定了你成为什么样的人。

你花在"吃喝"二字上，你的身材必将走向失控；你花在化妆上，几年后，你将会和玻尿酸做朋友；你花在交际上，你将会没有自我时间。

如果你花在投资自我上，你将会"收获"一个全新的自我。

省去不必要的时间，不去做不必要的事情。将精力节省出来，去做真正要做的事情。

我的同事四角很会管理自己的时间，他所在的职位琐碎的事情很多，往往是一件没有办完又有了新活儿。组里的其他同事经常忙得焦头烂额，加班到很晚，每天回家还有一堆杂事要做，经常感到筋疲力尽。

四角很少加班，家庭和工作都处理得非常妥当，还总有时间去学习新的东西，不断地提升自己。为此，同事们都很奇怪，纷纷向他请教。

▶ **确定自己必须做的事情是什么。**

四角告诉他们，之所以老觉得有忙不完的事情，是因为没有分清主次关系。只有先把必须又紧急的事情做好，其余的琐事才好解决。否则一直被琐事所拖累，会发现最重要的事情没有做成，这一天的工作其实等于白做。必须做的事情是真正有意义的事情，而不是一些杂事。极简就是去做真正要做的事情。认清目前的形势，先着手最紧迫的事情，再按照重要程度一件一件地去做。

在生活中也是如此，做好必须要做的事情，才能有闲心去做其他事情。否则事情都杂糅在一起，会感到很迷茫，无从下手。这样焦躁的心情，只会浪费精力，没有办法做好任何一件事。

确定好自己需要做的事情和紧急事情后，就不会再迷惑该做什么了。

PART 02
欲望极简：
不盲从、不跟风

不浪费时间和精力，把没有必要的环节去掉。

除了知道自己最重要的事情外，四角还教同事如何简化一些环节。很多工作需要多种环节，但是有些是没有必要的，抓住主干，免去不必要的事情，才能最快地做完，做好一件事。

有些不必要的事情可能是突发奇想的，也有可能是捎带手可以完成的，但是都会耗费精力，而且往往没有任何的意义，但还会耽误本身要做的事情。

只有去掉了那些没有意义的事情，才能集中精力去做该做的事情。不要被那些琐事占用时间和精力，不然会发现有处理不完的琐事，本身要做的事情却一点都没有干完。

▶ 一次只做一件事。

有同事提出了能不能用统筹学的办法，一次做多件事情。四角非常反对这种说法，他认为专心是很重要的，只有专心致志地做一件事，才能够做得又好又快。总是同时在做事情，很容易这件事没有做好，那件事

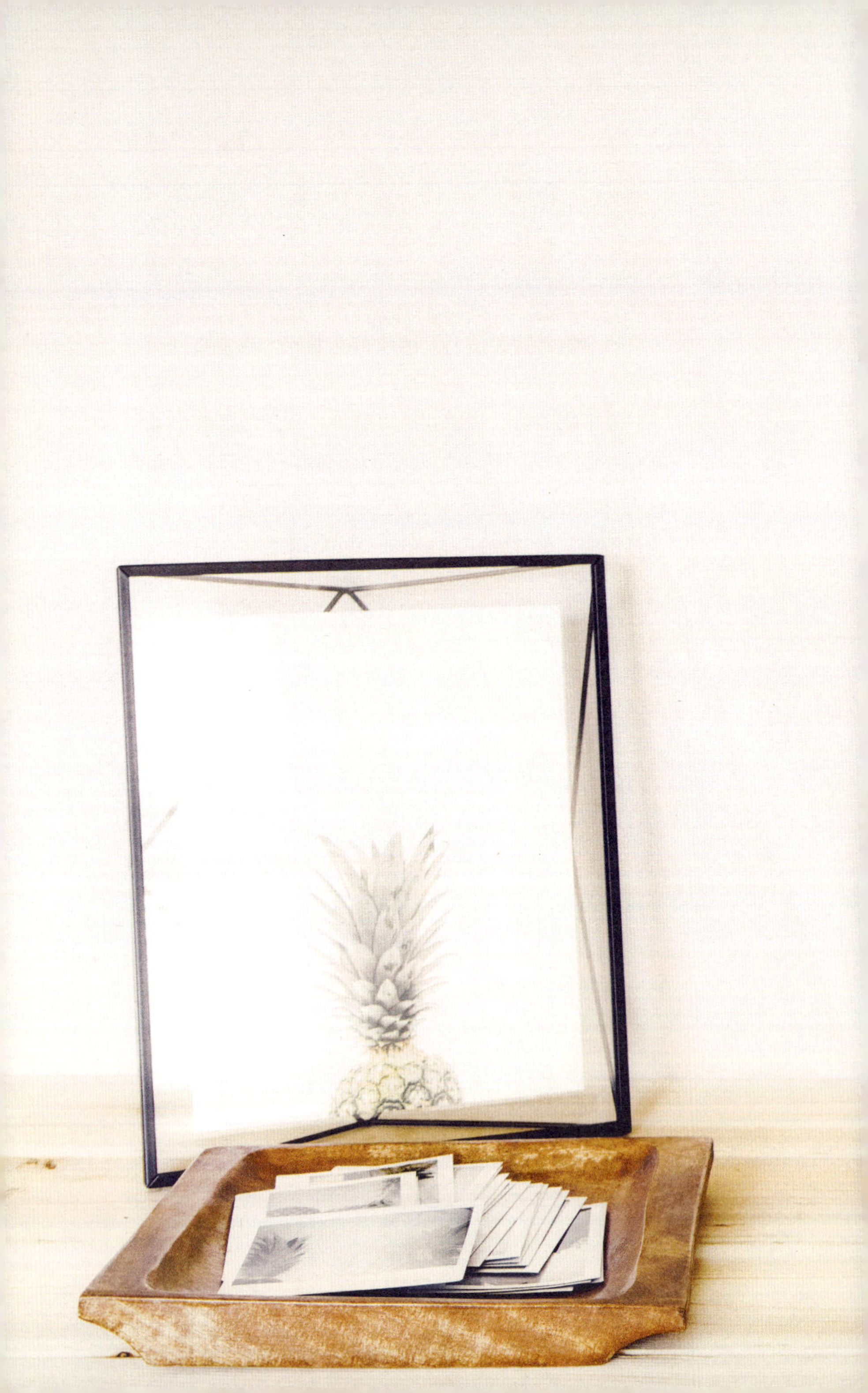

🔖 做事之前,要先认清目前的形势,先着手最紧迫的事情,再按照重要程度一件一件地去做。

也没做成，又消耗了太多的精力和能量。既然都要做，就按照方法分个主次出来，按照顺序进行。

人的心只有一颗，精力也只有一份，没有办法在全神贯注做这一件事的情况下兼顾其他事情。一心二用，事情不仅会完成得很慢，还容易出问题。一旦出现问题，又要耗费精力去弥补，这是得不偿失的。

做事就要有效率、有质量，这样才是精力付出后最好的结果。

▶ 拒绝拖延症。

四角还提醒同事，要注意千万不能拖延。拖延症是做事的大忌，一旦拖延了，本身该做的事情没有做，反而精力会在无形中浪费。最后可能一天下来自己也很累，什么都没有做。所以不要拖延，有什么事情就要立刻去做，做完了一件可以稍微休息下，但是不要停太久。

要知道一天就那么多时间，今天不做的事情，明天还是要做，之后还是要做。难道要把这些事情都挤在一起做吗？那时候着急出错，后面还需要更多的精力去修正。与其这样，为什么不现在开始做，做完了再休息呢？

拒绝拖延症最好的办法就是要有危机感，给自己设定个期限，期限内必须完成才可以。有了危机感，做事也会快一些。或者给自己一个奖励期限，如果在期限内完成，就可以获得相应奖励。

凡事最怕的就是拖延，即使计划做得再好，一旦拖延下去什么都会徒劳无功。

▶ **巧妙利用碎片化时间。**

对于同事所问，如何能够和四角一样在这么忙的情况下还能坚持提升自己。四角的答案是要巧妙利用碎片化时间。比如上班路很长，那么坐公车的时候就可以用手机软件来学英语，这样每日的学习计划在公车上就可以完成了。去银行等公务机关办事需要等待很长时间，这段时间就可以看书或者是处理其他简单的事情。

碎片时间无时不在，就要看你如何利用了。现在科学技术那么发达，很多事情都可以在手机上，随时随地地去做。比如可以随时阅读、写作，可以随时交水电费等。利用好碎片化时间的人，就能够做更多的事情，用最少的精力。

管理好时间，正确分配好精力，才能让生活从容不迫，更加舒适自由，也更加简单快乐。

记住，做许多事情的捷径就是一次只做一件事。

> 不管做任何事情，从中获得快乐的秘诀只有一个，那就是专注，不要被外界所干扰。

为了好心情而简单生活

有人认为，极简生活需要高度自律，为了生活而生活，是一种机械的方式。如同军训时一样，什么时间起床，该做什么都规定好了，好像是机械人被设定程序了一样。

而事实恰恰相反，**极简生活虽然高度自律，但同时由于拥有自主选择权，生活高度自由。**这种生活充满个人情调和色彩，能给人带来单纯的快乐，逃离繁杂的琐事的生活方式，得到前所未有的快乐，而生活的真谛是为了什么？不就是为了快乐、为了好心情、为了自由而活吗？

我们经常被很多事情左右，忘记了自己真正想要做的是什么。忙了一圈下来，发现过的并不是自己想要的生活，想要的一直被忽略。这样子的我们并不快乐。

毕竟只有完成自己的愿望，做了想做的事情，才会

真的快乐啊。

生活中已经有那么多不得不做的事情，但是不能因此而忘记初心。不要因为那些不重要的事情，忽略了生活中的小幸福。**要想一直葆有快乐，就不要被外界所干扰。**

也许你听多了很多大道理，告诉你生活应该、必须怎么做，老是有些诱惑激发着我们的虚荣攀比心。这时候，你要做的是进行自我审查，你的人生真的要听从别人的指挥吗？这是大多数人浑浑噩噩的人生，但是你真的也要这么过下去吗？你要成为社会上 80% 的大多数吗？这么做，真的会获得快乐吗？学习自己判断和选择，是一生的事情。不要被外界所干扰，坚持做自己。

没人能为你的生活负责，除了你自己，也没人能左右你的快乐，只有你自己。你是独立的存在，独立的个人，没人能教你怎样就是"好"，因为大家也不知道到底什么是"好"。"好"这个概念，只有你自己说了算。你可以因为有钱了，就是"好"，也可以因为看到美丽的彩霞，而觉得"好"。

PART 02
欲望极简：
不盲从、不跟风

不要因为别人说什么就放弃，或者被怂恿做自己不想做的事情。更不要因为虚荣心而去和人攀比，忘记了自己真正的初心，烦乱了生活和思绪，让自己每天不快乐。

为了好心情，就不要总是想该怎么生活，只需要知道自己要怎么生活就可以了。

把复杂的事情简单化，不要总是想该怎么样。这个世界没有那么多正确答案，追寻自己的内心，才是最正确的答案。

要想的是自己要怎么生活，要怎么去做才能那样生活。简单的愿望总是好实现的。

你要知道，若不抽出时间来创造自己想要的生活，你最终将不得不花费大量的时间来应付自己不想要的生活。你真的想这样过一生吗？

要想一直葆有快乐，就让自己不要被外界所干扰，有时候，猫咪比人类更懂得享受生活中的小确幸。

慵懒的下午，为自己和友人动手冲一杯手磨咖啡，这也是生活中的小确幸。

夺回被欲望占领的生活空间

纪子是个很上进的女孩,她和很多女孩子一样,以女性自立为目标打拼着。在职场上,她严格要求自己,每件事情都做好做精,在业余时间,她不断地学习,让自己掌握更多技能好挣更多的钱。工作越做越好,升职也越来越快,很快,她接触的人群和以往有了变化。这些人群的举止风范让她很是着迷,更多的名牌和奢侈的衣物都让她羡慕不已。她的目标也从自立变成了买更多的包包,更多的口红,更多的鞋子。

为了达到自己的目标,她更加努力,不仅努力工作,还为了自己能够更漂亮而节食减肥。终于有一天她病倒在工作岗位上,被送到医院急救。不到30岁的她因为长期加班熬夜,已经得了急性心梗,要是发现晚了甚至有生命危险。

欲望是前进的动力,有了欲望,我们才有往前走的想法,才会想要上进、争取。但过分的欲望是生活的

负担，当人迷失在欲望中，就会被欲望左右，失去自我，也失去了快乐。

对物质的欲望是无止境的，层出不穷的新花样让人目不暇接。对物质的欲望也是永远填不满的。因为人的占有欲是无法填满的，但拥有那么多物质真的会幸福吗？拥有这么多物质时，你的代价又是什么？

没日没夜地工作，不顾自己的身体情况，最后病倒在工作岗位上，挣来的钱都用在了治疗上。为了穿漂亮衣服而盲目减肥的女性也有很多，甚至得了厌食症，最后不得不依靠注射过活。花了很多钱在这些东西上，把本来可以让自己更快乐的金钱投入在这些方面，然后再努力拼命，以牺牲别的来赚钱。这是一个无限的死循环，仅仅是为了满足物欲就将自己困在其中。购买需要精力，买完后要维护也需要精力，大量的精力就这么被浪费了。拥有的越多，越需要精力去维护它们。比如买了的包包需要定期去做保养和清理，买了的装饰品需要定期去擦拭。这些都在无形中消耗了大量的精力和体力。

物欲一旦操纵了生活，生活就会为其所拖累，人也

PART 02

欲望极简：
不盲从、不跟风

就成了物质的奴隶。

对社交的欲望，往往是得不偿失的。很多人费尽心思用在社交上，有的是为了让更多的人关注自己，有的是希望借助社交往上攀爬，又或者有人希望通过社交得到什么。但不管是因为什么，对感情的欲望常常让人变成另一个人，变得虚伪或者低微，不断地往脸上戴各种面具，最终失去自我。

现在的社交软件那么多，人际关系也就越来越复杂。可社交这种活动并不是你投入多少就会有多少回报，往往最后是无功而返，还会赔上大量的精力、财力和感情。

并不是说社交是无用的，而是无用的社交除了消耗你的能量外，没有任何的用途。对于社交的欲望也往往使人陷入盲目中，被他人控制心情。

对虚荣的欲望，让人永远得不到幸福。虚荣是无底洞，不管是因为拥有什么而虚荣，一旦去追求虚荣，就会让人离快乐越来越远。虚荣是所有欲望中最可怕的，它不同于别的可以有尽头，有解决的方式，虚荣是没有终止的，只有靠自己的成熟才能抵抗虚荣。

极简就是要抛弃那些过多的欲望，夺回被欲望占领的生存空间，单纯地生活着。不为欲望所控制，不为欲望所吞没，让自己真实而快乐地生活着。

不期待，也不去拥有太多的物质，仅仅够生活，能够让自己舒适就好。不去追求复杂的人际关系，真正爱你关心你的人是不会如此消耗你的。更不会为了虚荣而去牺牲自己，扰乱自己的生活。

要想对抗物欲，就要知道自己真正需要什么，定期收拾整理，将不需要的东西全部送人或者扔掉。谨慎地去采购新产品。在买东西的时候多考虑，我是否真的需要它，我是否有可替代品，如果没有它会怎么样，只买、只留下真正有用的。

对抗社交的欲望，就要清楚自己真的拥有的是什么。最爱的家人和朋友，才是你真的需要花时间维护的。那些狐朋狗友，给你带来负能量的人，尽早远离就好。那些有工作关系或者利益往来的人，不用太过于交心。懂得珍惜身边人，爱自己的人，才是最重要的。

PART 02
欲望极简：
不盲从、不跟风

对抗虚荣的欲望，就要清楚自己想要的是什么，拥有独立思考的能力，不被外界和风尚所左右。增加自己的内涵，提升层次。当你到达一定层次后，就会觉得那些所谓的虚荣都是毫无意义的，真正有意义的是做自己，独一无二的自己。虚荣不过是一场镜花水月，并不是真实的，唯一真实的是自己，自己强大的内心和实力。

当夺回这些被欲望占领的生活空间后，你会发现，简单的生活原来如此容易，如此轻松而愉悦。

90%的杂念会影响10%的真实生活

你知道吗，你每天想的事情，90%其实都是没用的、不会发生的。

如果你不信，请你回想一下：在工作的时候，明明应该专心致志地干活，脑子中却总是莫名其妙地开起小差。总会想一些和工作没有关系的事情，比如晚上吃些什么，哪个同事又怎么样，这件事完成后又如何，等等。满心的杂念分神，有时候想着想着就没有心思再干下去了，干脆拖延了起来。事情越拖越多，觉得内心疲惫不堪，但是又好像什么都没有做完。

在生活中也是如此，本该做的事情都因为胡思乱想没有去做。在收拾屋子的时候会满脑子乱七八糟的想法，想着这屋子该怎么装修下就好了，为什么不能换个大房子，自己还是没有钱什么的。想着想着就自怨自怜了起来，结果屋子也没收拾干净，自己心情反而变得很差，都是负能量。

PART 02
欲望极简：
不盲从、不跟风

在和朋友交往中也常常如此，新认识了一个人，要是那个人对自己冷淡的话，就会想是不是自己哪里出了问题。要是对方十分热情，又会乱想对方是不是有什么目的，有什么利益关系。

总是在不停地想啊想，这些杂念已经深深影响了我们的生活。

被杂念困扰，只会让本来容易的事情变得困难，让明朗的事情变得浑浊。杂念越多，效率越低，浪费的精力越多，行动越慢。

美国的社会心理学家费斯汀格曾说过，**生活中10%的事情是由发生在你身上的真实所决定，而另外的90%则是由你对所发生的事情如何反应所决定。**这90%，其实是遭遇倒霉事后的心态问题。

心态决定命运。在现实生活中，有些烦恼我们无法控制，却可以控制自己的心态；我们不能改变别人，却可以改变自己。其实，人与人之间并无太大的区别，真正的区别在于心态。所以，一个人成功与否，主要取决于他的心态。有太多的私心杂念，有太多的要求妄想的人，会被90%的声色所迷醉，最终失去自我。

生活中虽然有那不可避免的10%，令人欣喜的是，还有90%是掌握在自己手中的。可怕的是，我们被这10%的小事扰乱了心境，做出后面90%的蠢事。

不可以用对与错来看别人、看问题，只能把握自己的心，要舍下自我的一切私心和欲望，才能进入清净的境界。

10%的事情如何发生，我们无法掌控，但我们可以用良好的心态去面对那剩下的90%。

受委屈了，我们可以给自己一颗糖，不去抱怨，不去烦躁，摆平心态，专注那10%。

其实许多时候，我们囤积物品，是不确定目标到底是什么；我们害怕失去，是因为尚未建立起足够的自信；我们困顿纠结，也许是因为还没有寻找到"最简单、最舒适、最真实"的自我。平衡得失，抛弃生活中那不重要的90%，也许剩下的10%会让我们收获更多。

PART 02
欲望极简：不盲从、不跟风

TIPS：极简生活小清单

⊙ 了解自己的真实欲望，不盲从，不跟风。

⊙ 选择、专注于1～3项自己真正想从事的事情，充分学习、提高。

⊙ 不买不需要的物品，确有必要的物品，买最好的，充分使用它。

⊙ 及时清理信息，不堆积。

⊙ 不做无效社交。

⊙ 适量运动。

列一个自己的欲望小清单，抛弃不重要的90%，也许剩下的10%会让我们收获更多。

专注才会有品质

如果让你一生只做一件事，你会怎么做？生活如此之快，每天睁眼就有很多事情排队而来，一生只做一件事听起来好像是天方夜谭，但有人确实就这么做了——在日本，有个著名的寿司之神，他的名字叫小野二郎，他的故事被著名的纪录片导演大卫·贾柏带到了全世界宣传。他一生都在做寿司，并永远以最高标准要求自己和学徒。

为了做好寿司，他会观察并了解客人的用餐情况，随时进行调整，确保味道能够让客人喜欢。为了做寿司而保护双手，不工作的时候永远用手套保护着，睡觉的时候都不懈怠。为了让寿司的口感最好，他从食材选择、制作到每个细节步骤都经过了缜密的计算。即使是出名后，也没有丝毫的放松。

因此，他的寿司店"数寄屋桥次郎"虽然栖身在东京办公大楼地下室，是一个小小的店面，却连续两年

PART 02
欲望极简：
不盲从、不跟风

获得美食圣经《米其林指南》三颗星的最高评鉴，还被誉为值得花一辈子排队等待的美味。

专注，是小野二郎的人生信条，他的品质正源自于他的专注。他用一辈子的专注去做成一件事，或许我们普通人并没有办法达到他的境界，但是我们可以专注地对待生活中的每一件事情。至少在做这件事的时候，我们是专注的。

专注和坚持，是成功的不二法则。你怎样对待生活，生活就怎样对待你。

▶ 建立有明确的预期目标。

目标要清晰，明确想要达成的结果。这个结果要花多长时间来完成。短期和长期目标分别是什么，就像学英语一样，长期目标是要考托福，那么短期目标就是每天要背100个新单词。

要想专注做一件事，就要不被外界打扰，你可以把手机调成静音或关机，放在自己看不见的地方。

学会建立人生梦想,才能有长久的耐力和恒心。

▶ **学会整理思路,学会自己拆解步骤到达结果。**

当目标明确后,就要清楚下面该如何去做每一步了。你要独立判断达成这件事情要做几步,前后的因果,砍去和事情关系不大的细枝末节,只留主干。理清要做的1、2、3、4事项,并列出来,每当做好一件事后就打钩。

有条理地做一件事会让事情变得简单,在完成每一个步骤时也都会有成就感去激励自己继续做下去。

▶ **要做好前期准备。**

学会自行收集相关资料,并判断对错及是否适合自己。学会正反面地看待问题,如果大家都反对你做某一件事情,要静下心来想想,你是否真的没有统筹规划好,没有研究明白问题的本质。

▶ **注意不被其他的事情所干扰。**

做事的时候难免会有一些干扰,比如手机响或者

PART 02
欲望极简：
不盲从、不跟风

是一些突发的杂事。要想专注地做一件事，就不要被这些外在之物所影响。若是不要紧的话，可以把手机调成静音，或者是关机，以免自己老不自觉地被分散精力。

在有突发事件需要处理时，也要将目前做事的进度原本地记录下来，好在回来后可以及时去做。

用心做事，用最简单的方式生活，才会有品质。

哪怕是做寿司这样的小事，做好了，就是人生的大事。

什么才是你真正想要的东西

如果你随便问一个人想要什么，90%以上的人肯定都会回答，想要好多好多钱、好车、大房子、精美的鞋子、奢华的衣服等，我们想要的太多太多了，可是如果再追问，得到后你会幸福吗？很多人都会缄默。

如果一样东西你得到了，却觉得不过如此，那么这个"想得到"其实只是欲望；同理，一样东西你得到以后依然爱不释手，这才是你真正想要的。

学会判断适合自己的，才是真正的好好爱自己。

▶ **真正想要的东西，不是别人口中要有的。**

很多时候，我们想要什么其实是别人说的我们应该想要什么。但自己是不是真的想要？可能自己都不清楚。这个社会总是有很多风向标，也有很多人不停地宣传着他们的口号，要这个，要那个，没有这个人生就不完整，极大程度上影响了人们的渴望。

PART 02
欲望极简：
不盲从、不跟风

在逛超市的时候，导购可能推荐你一款产品，放在平时你连看都不看，但经过导购的介绍，你会觉得这款东西必须要有，于是，就变成了你想要的东西。等回到家里，又觉得这件东西其实也没有那么实用，造成精力和财力的双重浪费。

不要将时间浪费在不是自己真正想要的东西上，至少你真正想要的东西，是来源于你自己的需求，而不是别人认为你该有的。除了你自己，没人更了解你。不要被别人的想法和说法所左右，更不要被所谓的流行风潮所控制。

▶ 真正想要的东西，是能够让你感到快乐的东西。

人都是追求快乐的生物，不会受虐般地去要会让你不高兴的东西。你真正想要的也是如此，是能够给你带来快乐的。拥有它确实能够让你开心，能够让你的生活变得更加美好。这样的东西才是你真正想要的。

如果这件物品并不会对你的生活有什么好的影响，或者说你不确定会不会有好的影响，那么即使别人说得再好，即使广告宣传得再好，这也并不是你真正想

69

要的，除非你就是想要自己不开心。

能够让你快乐的东西，对你才是有益的，那才是你的目标，前进的动力。要是说自己都没那么喜欢，觉得到手也不会开心，那么又何苦去追寻呢？你想过自己为什么会想要那个东西吗？是因为别人说了什么，宣传得怎么样，还是你觉得你需要呢？

▶ **不是得不到的就是最好的。**

很多人都说，得不到的才是最好的，但是，仅仅因为求不得，这件东西就真的是最好的吗？

因为自己没有，才渴望到它的价值。这是欲望。

一个成熟的人，是能控制自己的人，是能够独立思考选择人生的人。

学会拒绝和放下，平和地面对生活，只吸取适合自己成长的。如果你不喜欢别人假装喜欢的东西，不要觉得自己傻。因为嫁给王子不是唯一一个可以让你变成公主的方法。

不盲从、不跟风，极简的生活能力不代表任何态度，它是对一种生活的追求——敢于活出自己的理想状态。

PART 03
感情极简：
不攀附、不将就

面对不属于自己的东西，
可以潇洒地挥一挥衣袖，

不带走一片云彩，
面对属于自己的东西，可以保护珍惜。

「化简为繁」的正是我们自己

几年前在公司年会上,老板问每个人的追求是什么,有人回答要物质丰富,有人要财源滚滚,有人要更多业绩,轮到我身边的同事时,她脱口而出:简单生活。听到这个答案让我内心惊诧了很久,突然觉得,这才是热爱生活的人生。

人生是寻找真我的旅程,年少轻狂,只看重色彩,要奢侈、要丰富、要刺激,中年后倒由繁入简追求平实简单的生活,我在慢慢品尝着生活的滋味,品味哪种滋味是属于自己的,是我与生俱来的,是令我平静而快乐的。

在工作和家庭之间,忙碌是我简单生活最重要的组成部分,而时下流行的时尚、奢华、刺激、激情、艳遇等浮躁社会人们追求的东西,似乎都与我简单的生活无关。心理学有一个术语叫"心流","将大脑注意力毫不费力地集中起来的状态,这种状态可以使人忘

PART 03
感情极简：
不攀附、不将就

却时间的概念，忘掉自己，也忘掉自身问题"。我欣赏这种简单的随性。很多事情，都是我们人为地化简为繁，是我们把事情加了太多利益、好处的砝码，使事情不再是事情，而是一种博弈。

极简生活，就是要化繁为简，将自己从剪不断、理还乱的烦恼中解脱出来，简简单单地生活，快乐而舒适地享受人生。拥有简单的人际关系，轻松地做好每一件事，不必为堆积或者是杂事所烦恼。大多数的事情，都因为我们自己的原因而复杂化了，结果生活被碾压，自身变得充满戾气。

因此，当生活出现问题，当觉得很疲劳很累的时候，就要好好想想，到底是什么让自己本来简单的生活变得复杂，是什么让本来简单的事情变得困难起来。不要只找客观原因，要多想想问题是不是出在自己身上。

只有把握住自己，解决掉自己身上的问题，才能够把握住生活，让生活变得更轻松快乐。简单的事情，还是不要复杂化为好。

在纷纷扰扰的物质社会，追求事业成功、财富的积累等并没有什么不好，也必不可少，简单生活也不可能成为每个人的追求。但无论你追求什么，在人生寻求真我的旅程上，请记下这句话："上帝造人时，给我们以丰富的感官，是为了让我们去感受他预设在所有人心底的爱，而不是财富带来的虚幻"。

生活有负累，亦有美意，相信一切都是最好的安排。学会化繁为简，学会返璞归真，更学会回归本心。生活没有永恒的梅雨季，只有久违的艳阳天。

情感要平淡，要适可而止

生活中我们总会遇到一些非常"直爽"的人，他们想什么就说什么，毫无顾虑，喜怒都在脸上。

森先生就是这样的人。他常被周围的人评价为直性子，不管好听的不好听的，只要他愿意，不会顾及别人，都会直接说出来。

森先生的好友小谷近来遇到了感情问题，拉着森先生喝酒消愁。森先生听小谷说完他的遭遇后十分气愤，拨通了小谷女朋友的电话，痛斥了对方一番，以为是帮朋友出气。当时小谷十分感动，对着森先生痛哭，说他是自己最好的朋友。森先生对此非常得意。但过了没多久，他就发现小谷一直躲着自己。原来两个人后来和好了，小谷的女朋友很不高兴森先生的举动，让小谷远离他。森先生感到很委屈，自己是为了朋友好，怎么之后变成这样了呢？

这样的事情并不是第一次发生了。在工作上，关系很好的同事因为和另外一个部门的同事闹了矛盾，和森先生抱怨，森先生很生气地为他打抱不平。过了几天后，这个同事和那个人重修旧好，森先生弄得两边都不是人，很是尴尬。

在生活上，森先生也经常为此烦恼，每当他喜欢上一个女孩，他就会展开激烈的追求，每天信息轰炸不断，送各种礼物。结果女孩们都被吓得躲得远远的。有一些试着和他接触，都被他情绪的强烈波动吓到了。就这样，森先生已经快30岁了，还没有女朋友。

像森先生这样的人不在少数，他们自以为自己是直爽、真实、不虚伪，但恰恰犯了人际交往的大忌。那就是成年人的交往，情感要平淡，要知道适可而止，不说多余的话，不做多余的事情，多站在对方的角度想，不是自己想说什么就说什么，要多考虑别人的感受。

这些东西说起来容易，但实际生活中却并不是那么简单就能做到的。

一个成年人要懂得如何控制自己的情绪，喜怒不应都挂在脸上，要懂得分寸和度。这并不是虚伪，而是一种礼节。尤其当情绪激动的时候，更要控制住自己

PART 03

感情极简：
不攀附、不将就

的嘴，说话更是要三思，慎重。

在成功的路上，最大的敌人并不是缺少机会，或者资历浅薄，成功的最大敌人，是缺乏对自己情绪的控制。弱者任思绪控制行为，强者让行为控制思绪。

没有人天生就懂得控制情绪。能成功的人，都时刻留意不让自己栽在坏情绪中。

只有让自己时刻保持一种向上的状态，积极地去面对生活，心态放平和，才能够正确地去面对一件事。

要想从容地去面对，就要心里有底，需要让自己成为一个有内涵的人。一个真正有内涵的人，不管遇到什么困难都有解决的方法，兵来将挡，水来土掩，处变不惊。这样的人是不会将情绪挂在脸上的，更不会想什么就说什么。

优雅的关键在于控制情绪，用嘴伤害人，是最愚蠢的一种行为。我们的不自由，通常是因为来自内心的不良情绪左右了我们。能控制好自己情绪的人，比能拿下一座城池的将军更伟大。能控制、接受、缓解情绪的人，就是自己的王。

77

只有让自己时刻保持一种向上的状态,积极地去面对生活,心态放平和,才能够正确地去面对一件事。

简单、直接、清楚地表达

生活中最难的就是直截了当表达自己的想法,剪除思想的枝蔓和表达的枝蔓。

据社会工作者统计,情侣间出现问题,有90%的原因是因为沟通不畅。而在人际关系中,大多数的问题也都是由沟通不畅所引起的。换句话说,将简单的问题复杂化的一大原因,就是沟通问题。

情侣间,男人总是不明白女人的需求。阿忠就经常因为这个原因和女朋友千雪吵架。例如,千雪有天晚上想让阿忠陪陪自己,给他发信息说自己要睡觉了。阿忠回复了句晚安。千雪就生气了,她认为阿忠并不关心自己,都没有问自己为什么比之前提前了两个小时睡觉,于是就打电话跟阿忠闹脾气。两个人因为吵架睡得都很晚,也都郁郁寡欢。

人与人交流时,这种问题随时都会发生。比如你约朋友的时候,对方说得先去办什么事之类的话,潜台词可能是，我没法陪你出去，或者是我不想陪你出去，我没有时间陪你。如果没有读懂这层意思的话，很可能理解的就是，那等你办完事咱们再见面。结果，那个人无可奈何，又没有办法拒绝。

工作中也是一样。有个理论叫"电梯原则"，你能用坐电梯的这几十秒钟，将自己的方案和想法清晰地告知你的合作方或者老板吗？你能够用一句话浓缩你的年度营销报告吗？你能够用一段话说明你品牌的定位以及发展方向吗？你能够在三分钟内说明当前销量下滑的主要原因，并提出三个解决方案，然后让老板作出决定吗？

如果一件事情用一句话说不清楚，那么一下午也说不清楚。

情侣间的事情，如果你只是想引起男朋友的注意，那么可以说，我困了，你能陪我一会儿，然后我就睡觉吗。这样的交流总比单纯的一句我困了，让对方玩猜猜猜要好。

与人交往中，可以直接说，我要先去哪里办事，今天没有办法陪你了，我们下次再约。这样清晰地说，

PART 03
感情极简：
不攀附、不将就

既给自己找到了理由，又明确地说出了没有办法约的事实，让对方没有误解。至于下次如何，就下次再说。

至于工作中，你的方案写了30页，你的报告写了5000字，但是，你能够用一句话来打动别人然后进行合作吗？

由此可见，无论是在私人交际范畴还是在公共场合，用合适的方式表达自己都非常重要。私人交际范畴的表达并不比公共场合表达简单，有的时候，我们也可以称之为一场小小的"演讲"，只不过观众很少而已，也许是你最亲近的人，也许是你要面对的最重要的一个投资人，分享、说服、打动甚至改变对方的看法、观念，才是表达的最终目的。

逻辑清晰，语言简单。根据对方的反应不断调整自己的语言，使之符合情境，对方很容易明白你的意图。如果你静心养羊十多年，你对羊的形象和习性了然于心，你能用很多种方式给一个没见过羊的人描述清楚羊是什么样。但是如果你没见过羊，只是在教室里听过，然后你给另外一个人讲羊的样子的时候，你就很容易这样：你怎么这么笨，一点都不理解我在说什么。

这就是表达和沟通的问题症结。

现在特别流行说"干货",那么"干货"到底指的是什么?这是一个难解的问题,因为作为一个网络词语,其发展和源流,常常形成不同的含义,放在不同的背景下,都可以形成不同的解释。其实说到底,就是没有杂话的文章,简单、逻辑清晰、条理清楚地把事情说明白。能够抓住"干货"的人,最性感。

生命其实也是一场淋漓尽致的表达,也许在不同的时间,不同的地点会有不同的故事,但无论何时,都应该与内心的渴望一致。

(不过,和女友交流的法则一共只有两条:
第一条,女朋友永远是对的;
第二条,当女朋友错了时,请参照第一条执行。)

生活就是要不断地选择和放弃

世上只有一条路,就是你脚下正在走的这条。

当下社会的每个人,都是焦虑的。但是所有的焦虑都是无用的,世上没有通过想象和推测就可以判定未来的事情。路都是自己走出来的,绝不是参照别人的样子推断出来的,别人在某件事情上做得再好,选用的方式再精巧,换成你的时候,都将会成为另外一个样子,没有"感同身受"的体验,你要验证的是一条对你来说全新的路。

世上不存在更好的那条路,但存在最好的路——那就是坚持自己所选择的并且坚定地走下去。即便外人并不看好,即便你自己也会怀疑,但既然选择了,就要一直往前走。

人生只有一次,成长和生活之路也只有一条,路没有好坏之分,都是独一无二的,都是需要有取舍的。也因为这个原因,每个人的人生都是偶然的,是由一个个的选择决定的。

没有的想要，得到的不满足，每个人都在各种层面上挣扎，变得对生活不耐烦。只有懂得选择和放下的人，才能轻松地前进，更快地达到自己想要的目标。

我们一路往前走，遇到的事物越多，我们就越为迷惑，越来越不知道想要的是什么，什么都想要，但是大多数都无法得到，于是我们不快乐；我们带着其实并不那么喜欢的东西越走越远，当遇到自己真正想要的东西时，却没有第三只手可以拿起，所以我们更不快乐。

其实古人早就教导过我们该如何生活。在禅中，很重要的一点就是要学会选择和放弃，只有这样才能够快乐。但是现代人大都已经忘记了这点，面前的东西越多，越想都得到。拥有的越多，就越想有更多。

大量的精力都投入于此，最终却发现这些都不是自己想要的。这就进入了一个怪圈，一个不幸福的死循环。因为不幸福，就要再去获取，然后发现身上的负担越来越重，自己也被压得喘不过气。

PART 03
感情极简：
不攀附、不将就

要想脱离这个怪圈，首先要学会选择。

选择自己所需要的，自己真正想要的，而不是别人告诉你，或者是你觉得你需要的。

你所需要的东西一定是你没有的东西，一定是会让你的生活变得更好，更有用的东西。不管是情感还是物质，要学会思考，这真的是自己想要的吗？是自己需要的吗？

当代作家萨拉·布雷斯纳克说过：**"花时间弄清楚你喜欢什么，这样才能弄清楚喜欢过什么样的生活。"**

在电影《猜火车》中，男主角过着混乱而痛苦的生活，他一点都不开心，虽然他什么都不缺少，但内心空虚。这时，朋友告诉他，"你要学会选择生活"。是啊，**要学会选择生活，而不是被生活选择。**

选择生活，选择你需要的，你真正想要的，之后就要放弃那些对你没有用，且并不是你想要的东西了。

舍不得，是生活的大忌，也是让我们生活变得复杂化的罪魁祸首。因为舍不得，我们的生活多了很多沉重的负担，我们的精力和时间被无情地浪费，我们的情感也被牵扯其中。

放弃那些不属于自己的东西和情感，就是放过自己。不必花时间和精力去追求那些本就不属于自己的东西。比如高高在上的奢侈品，比如失去的恋人，比如和自己没有关系的事物。不花时间去追求不属于自己的东西，才能有精力去维护属于自己的。

太多人将精力都花在了追求不属于自己的东西上，有些是因为欲望，有些是因为不甘心，但更多的是因为没有想清楚自己真正想要的是什么。

在决定放弃什么的时候，要想清楚几个问题。

这真的适合我吗？
我真的需要它吗？
如果有了它，我的生活会更好吗？
没有了它，我的生活会变得一团糟吗？
我真的有那么想要吗？

如果五个问题有三个都是否定的，那么就放弃吧。这个事物只会影响你的生活，有没有都不会让你过得

PART 03

感情极简：
不攀附、不将就

更幸福更好。

人生就是不断选择、不断放弃的过程。有所放弃，才能让有限的生命释放出最大的能量。没有果敢的放弃，就不会有顽强的坚持。放弃也是一种选择，失去也是一种收获。

执着于某一事或某一物，就会患得患失，烦恼也接踵而至；如能看开一切，心无挂碍，就会无所畏惧。生活往往是怕什么来什么，看淡得失、无谓成败的时候，反倒顺风顺水、勇往直前。持有一颗平常心，最好。

🏷 人生就是不断选择、不断放弃的过程，舍弃那些哗众取宠的装饰品，最后，尤加利叶是个不错的选择，好看，不俗，插完不用管，干了也一样美丽。

🏷 不要花时间去追求不属于自己的东西，珍惜身边的每一枝每一叶，即使枯萎了，既装点了你的生活，又保留了难忘的美丽。

🏷 满天星的花语是纯洁的心灵，一颗纯洁的心灵会让你的生活变得简单。

从收拾心态开始，人生会再次启动

一位伟人曾说过这句话：**要么你去驾驭生命，要么是生命驾驭你。你的心态决定谁是坐骑，谁是骑师。**

收拾自己的心态，才能重新开始，才能过上自己想过的生活。

▶ **要清楚自己的目的。**

清楚自己到底想要什么，就好像收拾屋子的时候预先要知道屋子想收拾成什么样子，东西该如何摆放，大概的规划是什么。这样才有的放矢。无目的的收拾只会越来越乱，最后一团糟。

也许你会说：我不知道我自己想要什么。其实这句话的真正含义是：你没有勇气面对并做出足够的努力去争取你想要的。

▶ 要了解自己。

了解自己所拥有的，所擅长的，所需要的，知道自己的特点，了解自己的品行，才能够找到适合自己的方式和方法。

大多数人会说，我很了解自己，我很焦躁，我不知道未来是什么样子，甚至不知道明天会是什么样子。终日烦恼的人，其实并没有遭遇太多的不幸，这烦恼根源于内心世界。学会给心灵松绑，从心理上调适自己，焦虑是正常的心理情绪，我们要接受并加以疏导，而不是排斥它、忽略它。

▶ 要懂得选择和放弃。

有些东西不需要的，不属于自己的就要扔掉。选择适合自己的，把无用、会给自己带来负能量的东西统统清理干净，不给自己的心留垃圾，影响好心情。

▶ 要有坚强的决心。

整理是一个过程，不可能一蹴而就。抱着颗坚强的决

PART 03
感情极简：
不攀附、不将就

心，才能够面对杂乱的内心世界，对自己，要耐心一些。

▶ 要给自己一个期限。

收拾本身就是要消耗时间和精力的，如果想彻底地收拾自己，就要给自己一定的放空时间，让自己可以认真地打扫，而不是匆匆而过。在这段时间内，不要被琐碎和麻烦的事情缠住手脚，弄得心烦意乱，无法集中精神去做。

▶ 为心灵做扫除更是如此。

最好的收拾心态的时间是在旅行或者休假的时候，或者是独处的时候。要让自己不被打扰，才能真的看透内心，彻底地进行收拾。

收拾好心态，生活才能重新启动，才能从之前不如意的混乱中解脱出来。给自己的心灵做大扫除，抛弃负能量，才有地方可以接受和充满正能量，让自己更加快乐地生活。

你以为在沙漠中行走的骆驼满眼都是沙子，而它心中，则有块绿洲。

自立、自由、自在的成熟气质

如果你问全世界的男人女人眼中的女神有谁的话，绝大部分都会有同一个答案——奥黛丽·赫本。和很多漂亮的女演员靠容貌不同，她以自立不依赖别人，自由只追寻自己的内心，自在而洒脱的成熟气质捕获了众人的心，成为经久不衰的神话。

成熟的气质最吸引人的地方，在于不用依赖过多的物质，不依赖过多的情感，不被他人所左右，不被物质和感情所束缚，舍弃不必要的东西，轻松愉快地用自己想要的方式生活。

只有成熟的人才能选择自己的人生，才能明白什么是自己想要的，从而舍弃那些不属于自己的东西。

只有成熟的人才不会被外界所干扰，不会被别人的想法所左右，人云亦云的没有独立思想，他们确定自己的目标，并坚持自我。

PART 03
感情极简：
不攀附、不将就

只有成熟的人才懂得什么叫拥有，如何去珍惜，不牵扯过多的精力，不浪费过多的情感，平淡而不乏味，简单又不失情调。

而所谓成熟的气质，第一需要的就是要自立。

有自立的精神，有自立的资本，不依赖别人，不管是精神还是物质，是成熟的首要因素。

自立的精神，让自己与他人不同，不依赖任何人，不管是情感还是需求，都自给自足。这样才不会受别人所控制，不会轻易被别人影响，不会因为别人而丧失自我。丧失自我的人，永远都没有生活，他们只是为别人而活着。

要想有自立的精神，就要有自己思考的能力，这是要多读书，多听音乐，多出去旅行，多接触人和事才能够有的能力。对待事情保持自己的看法，自己的思考，不随便被人影响，更不让他人代替自己思考的能力。

有自立的资本，才能过上自己想要的生活，在经济和物质上满足自己，不依靠他人。成熟的人知道什么叫自给自足，能够维持自己想要的生活，并且能够追求更

追求自由的人，才能够追求生活的品质。

PART 03
感情极简：
不攀附、不将就

高一层的生活。这就要靠努力工作，积极进取来完成。

如果不满意自己的经济状况，或者没有完全自立的资本，就要自己想办法。不断地学习，提升自己，让自己有能力去过想要的生活，才能够把握生活，掌控生活。

自由是一种心态，也是一种追求，心灵的自由可以看到更多的东西，随心所欲，不被任何人和事所控制，所束缚。追求自由的人，才能够追求生活的品质。只有能够自由选择自己想要的东西，才能控制自己的生活，让自己更加快乐。

自由就是要不被控制，不被那些繁杂的事物控制，不被物质控制，不被欲望控制，不被人际关系控制，不被自己的心态控制。要懂得拿得起，放得下。要学会放弃那些生命中无所谓的重担，那些影响着自己的负能量，才可以得到自由。

自由的同时也要财务自由，可以买自己想要的东西，去自己想去旅行的地方。只有实现了财务自由，才能够做自己想做的事情。

自在是一个状态，是成熟的人所散发的气质。面对不属于自己的东西，可以潇洒地挥一挥衣袖，不带走一片云彩；面对属于自己的东西，可以保护珍惜；面对自己想要的东西，可以去追求；面对困难，可以从容不迫地去面对。

　　自在的生活，不被那些身外之事所影响，坚持自我，不因外界而波动。这是一个人是否成熟的标志，也是成熟的体现。

　　成熟是一种能力，也是一种状态。极简生活，需要这种成熟的气质，更需要这种能力。

PART 04
物 质 极 简：
不迷恋、不堆积

扔掉看得见的东西，改变看不见的世界。

在对抗物欲上，要明确了解自己真正需要的东西，而不是大家需要的，毕竟，别人无法替你生活。

21天，过上想要的生活

改变自己需要多久？让自己换一种生活方式又要多久？这是很多人都想了解的问题。

当我们决定要改变生活的时候，究竟要用多长时间呢？

行为心理学说，只需要21天，就可以改变一个人，过上想要的生活。在行为心理学中，形成新习惯或者理念并巩固周期是21天，被称为"21天效应"。换句话说，**当你想培养一个习惯的时候，只要重复21天，就会成为习惯性的动作或者是习惯**。

行为心理学研究，人一天的行为只有5%是非理念行为，属于非习惯行为，另外95%都受理念支配，属于习惯行为。因此要想过上你想要的生活，就要培养相应的习惯。

首先，在21天训练开始前，你要明确自己的目标。你想要什么生活？需要做什么？需要培养什么样的习惯？

PART 04

物质极简：
不迷恋、不堆积

想要的生活，一定是能够让自己更加幸福，更加快乐的生活。目标和具体的细节一定要清晰，条理分明，可实现。只有这样才能操作和培养。

比如每天早起收拾屋子，扔垃圾，去健身房跑1个小时步，做面部按摩、背20个单词等。越具体越好实现，越能有效果。将这些目标存在手机的记事本里，或者贴在家中的醒目位置，随时提醒自己。

之后就要开始21天计划了。为了保证计划可以完成，要选择一个确实可以完成的周期，比如这21天内没有旅行计划，身体条件也适合等。

▶ **第1~7天，最困难的一星期。**

这个星期是培养习惯最重要的一个星期，也是最艰难的一星期。

在这个星期里，需要不停地提醒自己要做什么、如何去做、该怎么做。对此可以为自己设置一些鼓励措施，比如做完一件事情后得到什么奖励，来激励自己。也可以设置惩罚措施，如果没有做就要惩罚自己。但注意不管是鼓励还是惩罚，都要有一定的效用，不要用无关紧要的东西来进行奖惩，这样没有任何的激励作用。

▶ 第 7 ~ 14 天，绝不放松的一星期。

经历了上一个星期的培养，习惯正在慢慢地形成，但是这个星期也是很容易放弃的星期。可能会出现"我放松一天也没有关系"的想法。这种想法实现了一天，就要从头开始。因此要提醒自己千万不能放松警惕，更不能松懈。

在这个星期里，基本上已经不需要再看小纸条或者是提示来进行了，在心里已经渐渐形成了一种主动意识。这个时候奖惩机制依旧不能放弃，随时鼓励自己要坚持。可能之间会有一些想要松懈或者偷懒的想法，这时要加大惩罚机力度，逼迫自己不能放弃。

在这个阶段可能会有一些诱惑出现，要能抵御住诱惑，想想好习惯培养成功会对生活产生的影响，再看看自己的目标。抵御住诱惑，进入下一个阶段。

▶ 第 14 ~ 21 天，需要提醒但已经很轻松的一星期。

经过第一个星期的困难培养，第二个星期的艰难巩固，在这个阶段中，习惯已经在慢慢地养成。但没有到达可以不用想就完成的地步，在这个阶段，依旧不能松懈，还需要时刻提醒自己，一天也不能懒惰。

在这个阶段很容易给人一种错觉，就是我已经培养出了这个习惯。并且在这个阶段，习惯对生活的影响已经初步可见。对此，要继续鼓励自己，为了更好地生活，不能半途而废，更不能因为觉得生活已经改变了而放弃继续坚持。

▶ **21 天后，依旧需要坚持。**

如果你撑过了 21 天，那么恭喜，你的生活正在开始向你希望的方向改变。培养的习惯也正成为无意识的动作，不再需要刻意提醒就会完成。但是也不要松懈，要知道如果松懈也是 21 天，会让你之前的努力都付诸东流。

改变是一个长期的过程，培养好的习惯后，只有继续坚持，才能达到你想要的效果。为了自己的目标，为了更好地生活，继续坚持，继续努力。**只需 21 天，改变自己，过自己真正想要的生活。**

要买确有必要的最好的

添置物品是生活中免不了的事情。据统计,"美国家庭平均拥有超过 30 万件物品,或许我也有那么多,我依恋我所有的东西"。在不停地买买买的过程中,怎么买却是一门学问:是随心所欲地去购买,还是根据本季的流行去买呢?是根据朋友推荐买、还是尝试新鲜事物呢?

其实这个问题不是怎么买的问题,而是消费心态问题,最佳的消费是买最适合自己的那一款,且对自身有必要的。

不买不必要的东西,可以节省家庭空间,太多没用的东西会把屋子堆积得乱七八糟。为了打扫和整理这些东西又需要花费时间和精力。

回想一下,其实大家购买时很多都是一时兴起而已,这个也难怪,站在五颜六色的货架前,很难克制住消费冲动,而没有经过理性思考。因此,购物的时

PART 04
物质极简：
不迷恋、不堆积

候常常会买一些当时觉得不错，以为会有用，但其实一点用也没有的东西。不仅浪费了时间和金钱，带回家没多久可能就会后悔。

看起来很不错的厨房工具、好看但没用的装饰品、过多的精美的本子、根本不会看的书、漂亮的装饰纪念品等。这类东西都不是必需品，买到家中结局大多就只有放着，偶尔想起来可能会送人。

购物要理智，非必需品能少则少，在购买的时候要多想想我到底需不需要这件东西。如果需要，那么是必需的吗？还是可能会用到的东西？我要用它做什么？家里有没有类似、可以替代的东西？如果有的话，那么它会比家里的更好吗？可以把家里的给扔掉吗？它能给自己带来生活上的改善吗？

问清楚自己这些问题，再决定要不要进行购买。如果没有必要，就不要再给自己添置无用品找理由了。

阿云就是这样公认的女神。在添置东西的时候有自己的技巧，买就买最好的。包包一定要买上档次的，绝对不从网上淘那些很容易被看出来的 A 货，也不购买最新款，百搭的基本款就可以出席各种场所。衣服选的是品质最佳的，上好的布料和合身的剪裁，鞋子既要舒适好穿，又独具一格，让她在人群中很夺目。

除了衣着打扮，她的家也很有品位。最舒服的床垫，让她每天起床都精神百倍。最好的锅子，烧出来的菜也格外美味。虽然家里的东西不多，屋子很空旷，没有过多的装饰品和奢华的装修，但一进去就能觉得这个家的主人一定很会生活，是很有情趣的人。

其实阿云并不是什么富二代，只是普通的工薪阶层。她的秘诀是，钱要用在最重要的地方。不买不需要的东西，不去买那些廉价的东西，不乱花钱，把那些钱省下来去买品质最好的。

品质决定了档次。品质的高低很大程度上决定了这件物品的价值。一件高品质的物品可以替代同等的几件商品。好的品质是从视觉、手感上就能看得出来。档次越高的人，越知道花钱花在刀刃上，越知道高品质的价值。品质决定档次，体现的是个人的生活情趣，也是你个人的标签。

PART 04
物质极简：
不迷恋、不堆积

一件商品符合你的审美就决定了你不会因为不好看而去想着下次买类似的东西去替代它。物品的品位也是你审美的体现，审美层次越高的人，越不会去买那些所谓的爆款货，没有特色的东西。多用性也是实用性的一种，用途越多的东西越实用，可以省去买其他产品，更加节省金钱和家庭空间。比如一把多功能的刀具，可以省去买各种刀的空间和价钱，也不用去专门买大的刀架来放置。

虽然品质好的物品价格是最贵的，但**不要因为"舍不得"而去买质量不太好、又不太喜欢的凑合，房子也许是租来的，但生活不是凑合出来的**。不太喜欢的物品会让你看到类似产品的时候还会想买，看到更新更漂亮的样式时会忍不住地希望替换。

购物要理智，要知道自己是不是确实需要，如果没有那么需要就不要再去添置。要添置就要添置最好的，来节约之后的替换成本、维护成本，和让自己不再去看类似的商品。不要因贪小便宜而浪费更多的精力和金钱。

不要在家里放一件你认为有用，但并不美的东西。扔掉看得见的东西，改变看不见的世界。在对抗物欲上，要明确了解自己真正需要的东西，而不是大家需要的，毕竟，别人无法替你生活。

🏷 物品的品位也是你审美的体现，审美层次越高的人，越不会去买那些所谓的爆款货，没有特色的东西。

🏷 购物要理智，要知道自己是不是确实需要，如果没有那么需要就不要再去添置。

你的屋子，就是你心灵的映照

ANNA 是外表极为漂亮的女孩，光鲜照人，去哪儿都是焦点。但和她相处时，就会发现她总是莫名的焦躁，一不小心就会陷入混乱中。不管是职场还是情场，她好像被厄咒缠身了一样，生活过得一团糟。作为朋友的我们总是不理解为什么会这样，直到有一天在她家我们找到了答案。

她家沙发上乱七八糟地堆着过季的衣服，地板上都是头发，沾满咖啡渍的杂志随便地扔在一边，内衣袜子更是满地都是。ANNA 自己住了个大三居，除了客厅和卧室，另外两间居然都成了储藏间，胡乱塞满了各种衣服和包包，简直就是个仓库。我们都惊呆了——这哪里像是女孩子的家！这时我们明白了一个"白富美"会把生活过得如此之糟，因为她的内心就是混乱的。

一个人的家，就是他内心的写照。家里收拾得井井有条的人，生活中绝不会手忙脚乱。会把家布置得有品位的人，生活中也绝对不是个粗糙的人。

ANNA的反面例子是小托。小托的家地处偏僻，房子也很小，但十分干净。一进门，玄关处是白色的鞋柜，里面整整齐齐摆放着擦得很干净的鞋，灰色的地毯上没有一根碎头发。进去后是白色主题的家具，整洁得看不到任何杂物是随便放的。一张纯白的茶几上放着一只细嘴长颈的花瓶，上面插着一枝橙色的非洲菊，配着淡绿色的窗帘，隐约间竟有了些许的禅意。待在小托家让人觉得有种出乎意料的舒适。好像和小托相处的人都觉得和他交往很舒服，他的生活也是有条不紊的。

一个内心平和的人，家绝对不会像暴风雨刚侵袭过一样。一个简单的人，家里也绝不会有过多的装饰。一个知道自己想要什么的人，不会让家像仓库一样有用没用的都堆叠在一起。一个懂得情趣的人，家里也一定是充满了各种小细节、小温馨。

因为你的心杂乱无章，才会在潜意识中将屋子也弄成乱糟糟的。当人心情不好，内心混乱的时候，不会想着收拾屋子，屋子就会一团糟。当人心情愉悦的时

PART 04

物 质 极 简：
不迷恋、不堆积

候，屋子也往往被整理得很干净。

同时，你的屋子又反作用于你的内心。

一个在干净整洁的屋子里待的人，心情会比在满地垃圾的屋子里待的人要好很多。外在的环境会将你的烦恼带走或者是加倍。将屋子打扫得干干净净，也是将心灵打扫干净的一个途径。如果你想让自己的心平和下来，就先看看你住的环境是否像是平和的样子。

若想要简单的心灵，就要让屋子也变得简单。不要再让垃圾堆在一边发臭，将不穿的衣服收起来，把地上的杂志都放好，认真地做一遍大扫除。当你把家收拾得干干净净时，你会发现不知不觉间整个人也干净了很多。

要想拥有简单的心灵，就要先从自己住的地方开始。当你的屋子不再混乱时，你的心灵也在趋于平静。

家，是你的第一道场。你走过的路，爱过的人，都在你的房子里啊！

关注物质，就会永远舍不得

"这件衣服虽然过时了，但今后有可能还会穿。"

"这口锅还挺好的，扔了实在可惜。"

亲爱的，每次收拾屋子，你是不是都要这么暗示自己，以此来为想扔却又舍不得的物品开脱？

这是个物欲横流的社会，面临着太多可以选择的物质，面临着太多的选择和尝试的机会。市场上，光菜刀的种类就五花八门，令人眼晕，切生肉的，切寿司的，切鱼的，切水果的，切软质水果的等。越来越多的种类，也越来越专业的细分，让人觉得家中应该都买齐了才能够生活。但其实我们的老一辈仅用一把刀就可以做出无比丰盛的料理。

什么时候我们对于物质的需求这么大了呢？是因为商品越来越多，我们的需求大了起来，还是因为需求

PART 04
物质极简：
不迷恋、不堆积

大了，商品才会越来越多呢？

买了这些物品后，又往往舍不得扔，舍不得旧物件，舍不得花费心血的物件，舍不得觉得会有用的物件，舍不得那些有纪念意义的物件。家里也就被这些东西堆得满满当当，显得格外拥挤和局促。

太多的物品只会消耗我们的精力。大量的能量都消耗在了这里，生活也因此疲惫。

在电视剧《我的家空无一物》中，麻衣躺在洒满阳光、空荡荡的公寓整洁的地板上，享受片刻轻松时光的样子令很多人心生羡慕。相比于很多人家的拥挤不堪，麻衣的房间四壁空空，那些没有用的东西，过时的东西，她都会及时整理扔掉。麻衣潇洒自在的生活方式，很让人羡慕，**她从不留恋物质，也从不被物质所扰，让自己的家和心灵永远处于最简单、最舒适、最快乐的状态。**

相比之下，很多人虽然堆积了很多东西，但他们内心却并不快乐。因为他们仅仅关注物质，心被物质填满，成为物质的傀儡，就会永远舍不得，只能一直被拖累，生活也会被物质所扰。

舍不得物质，舍不得扔掉旧的东西，舍不得不去买那些没必要的东西。**舍不得物质就是舍得浪费自己的精力和金钱，就是舍得家里一团糟，心情也一直被左右。**

你的家是什么样，你的心态就是什么样。

总是沉淀于旧物，就会迈不开腿迈向新的生活，总是舍不掉没有用的东西，能量就会白白消耗，舍不得乱七八糟的杂物，心态往往也是乱的。因为舍不得这些物质，精神世界也被打乱得一团糟。

当购买新东西的时候，新旧物品混在一起，可家只有那么大，你又该如何？

关注物质，无非是关注它的价值。价值可能是体现在金钱上，也可能是体现在感情上，或者是纪念意义上。但是如果对你没用，再多的价值也没有意义，相当于无价值。只有有用和能够被欣赏的东西才有价值，其余的只是耗费你能力的产品。

甚至因为物品上夹杂着的情感，让你也无法走出过

PART 04

物 质 极 简：
不迷恋、不堆积

去的阴影，更加舍不得过去。舍不得过去就代表放弃了未来，放弃了以后更好生活的希望。

不要为这些无用的物质所拖累，舍去物质对生活带来的影响。舍得自己的欲望，舍得虚荣心，舍得过去，才能迎接未来。

将家中无用的东西整理干净，不再被物欲所左右，不再因为物质而影响心情，才能够简单地生活，不被物质所控制。

"如果可以，我想回归简单"——这不是"苦行僧"式的自虐，而是一种更为人性化、经济环保而又轻松愉悦的生活方式。极简的生活方式，其实是一种"舍"的智慧。面对越来越丰富的生活，物质本身成为一种牵绊。选择保留必需品，为生活腾出更多的空间的同时，也为生活带来新的灵感。

所谓极简生活，实则是没有终点的自我探索之旅。

东西要被欣赏和使用，才有价值

"这是好东西啊，用了可惜了！"

"这个很贵的，我才舍不得用！"

"这是限量版啊，我好不容易买到的！"

日常生活中，我们经常听到类似的话语，由于受到这些观念的束缚，很多人都会因舍不得使用，而将自己喜欢的东西"收藏"起来。这同样是一个误区。

正因为那些都是好东西，所以才应该被使用，将其作用发挥到极致，而不是束之高阁。

因为有形的东西终有损坏的一天。

最不明智的做法是，有些人一边觉得自己"浪费！浪费！"，一边又将空间填得满满当当。当你一次次地抱怨家里的空间不够用的时候，你是否想过，绝大部分物品其实是藏而不用的？虽然有些物品被放在了外

🏷 "极简"本身只是一种最终的目标或趋向,而不是一把固定的标尺,应该符合"自然"和"协调"的标准。

🏷 价值的体现就在于它们值不值得欣赏,以及有没有使用价值。

面，却很少会去使用。要知道，我们每天使用的东西比想象中要少得多。

极度削减物品的方式，使人更容易将注意力集中在房间里那些为数不多的物品上。这种环境能让人心态平和，也使你的感官更敏锐，思考更加清晰。"如无必要，勿增实体"是极简主义者推崇的生活信条。

要想简单地生活，就要知道自己拥有什么，哪些又是真正有价值的。东西总是在不知不觉间越堆越多。

"多余的财富只能买多余的东西，人的灵魂必需的东西，是不需要花钱买的。"梭罗的名著《瓦尔登湖》百年前的娓娓道来，却在当今时代的浮光掠影中显得越发深刻。一件美丽的餐具，如果因为昂贵而舍不得使用放在橱柜里，就失去了它的价值；一本再精致的笔记本，如果舍不得写字记录，那你的生活岂不是很廉价？

也许有人会说，"如果把生活极简了，那不是禁止我们的欲望吗？不能买想买的东西，想要的东西也不敢要，这么憋屈的人生，还有什么意义？"因为在他们眼里，这种生活方式会让太清苦、太无味、太寡淡。

PART 04
物质极简：
不迷恋、不堆积

那么，极简是要人们真的回到节衣缩食的、原始的、清贫的状态吗？当一种追求陷入极致，就偏离了它的本意。"极简"本身只是一种最终的目标或趋向，而不是一把固定的标尺，应该符合"自然"和"协调"的标准。**极简生活是一种自控的快乐，而不是刻意的束缚，否则，就会让精神走入另一个"牢房"。**

就物质而言，要用而有物，物品要充分体现价值，而价值的体现就在于它们值不值得欣赏，以及有没有使用价值。换句话说，能不能提供精神享受，又或者物质用途才是一件东西价值的体现。识别一样东西到底该不该留下，就要识别它有没有价值，之后再作出选择。没有价值的东西并不会让你有多幸福，对你的人生也没有提升。

所以，扔掉那些华而不实，你也不会再看第二眼的东西吧。把那些你穿不出去的衣服送人或者捐掉。将那些不再看的书、影碟全部送人。不要再让这些无价值的东西去充斥你有价值的空间。

在日本有个很流行的单子，叫火灾事后单。单子上面要列出如果发生了火灾，那么你需要重买的东西。这些东西对你而言才是真正有价值的,剩下的东西,既然再来一次你都不需要,那么现在你也并不需要它们。

只有清理了这些没有价值的东西,才能清楚什么是真正有用的,才能够开始极简的生活。

能够合理使用物品的智慧,其实也是生活的智慧。

「没有了就会很不安」

第一次去男朋友或者女朋友的家你会注意什么？肯定是整体环境。

和也第一次去女友小薰家里的时候，就有了想要分手的念头，原因是——家和仓库一样！满屋子的纸盒子和收纳箱，虽然堆得整整齐齐，但是数量却着实可观。家被堆得像仓库一样满。

这些东西也并非昂贵的收藏品。小薰还给每个箱子上写了个标签，怕自己找不到。

小薰解释说，这些都是她人生一步步的经历，要是没有了这些东西就会很不安，就好像心里缺了一块，过去的记忆也都是不完整的。

同样，阿雅也陷入了没有了会很不安的怪圈，她有很多衣服，都堆在柜子里，以至于新衣服都没有地方可以放置。有朋友劝她把不要的衣服扔了，她却说，要是扔了那些衣服，过几年再流行怎么办？这些衣服又没过时，还可以穿。虽然没见她穿过，但她还是觉得要是没有了这些衣服，就会很不安，觉得总少了些什么一样，不肯扔。

绪美一直都困在混乱的感情中，男朋友对她并不好，让她很伤心，但就是下不了决心去分手。她总怕失去男朋友，一想到要是没有男朋友了就会很不安。可是她的男朋友根本不在乎她，还在外面招惹其他女孩，绪美都只能睁一眼闭一眼。每当自己一个人的时候，她会觉得很委屈，但是每当男朋友说要分手，她都会苦苦挽留。她每天都很痛苦，但又舍不得断了这段不健康的关系。

为什么我们经常那么难以舍弃？因为经常会觉得"没有了就会很不安"。不管是物质还是感情，都被这种想法所束缚住，无法自拔。

"没有了就会很不安"，其实是一种心理需要，囤积旧物，并非单纯为了以后用得上，只是缺乏安全感的表现。这种想法是因为害怕失去，以拥有带来的安全感，正是因为自身的安全感不足。囤积的"废物"

PART 04

物质极简：
不迷恋、不堆积

是充实感的外在形式，让人感到暂时的稳定和安全，体会到生活中的掌控感，在环境中找到"不变"的稳定感。

害怕失去，不仅体现在物质上，在精神上更是如此，这是一种依赖。即使人际关系再让自己受伤，也舍不得丢掉，虽然并不快乐，这是懦弱、不成熟的表现。

想要简单生活，就要抛弃这种理念，克服不安的内心，没有了就是没有了。**只有敢于放弃和丢弃的人，才能有更新、更好的生活**。简单生活说起来容易，但割舍确实很难做到。

只有通过丰富自己，让自己有所支撑，才能脱离对物质和对他人的依赖，成为一个独立的人。

独立的人，就会懂得取舍。不好的东西，带来负能量，无法让生活更好的东西统统扔掉，让自己不快乐的人也会放弃。毕竟人都是追求幸福的，极简生活也是追求幸福。想要过得幸福，就要抛弃这些无用的垃圾。

就好像一间屋子里要满是垃圾，谁也不会舒服。一个人的心里要都是垃圾，生活也只能一团糟，心情也会一直烦乱。

只有自己能给自己安全感，这是物质和人际所不能带来的。等自己足够有自信后，就会明白没有什么物质是不能扔的，也没有什么人没有了世界就会塌下来。留下有用的东西，珍惜身边爱你的人，这才是最重要的。

其他的没有用的东西和只有伤害的人际，越早抛弃越好。当你觉得自己离不开，没有了会不安的时候，你就会害怕失去。可当有一天你真的抛弃了这些杂物，断了那些人际关系后会发现，这一切其实没什么大不了，生活却因为没有了这些而变得更轻松、更美好。

只要消除所有"不心动的元素"，就能让家居环境一口气变清爽，效果超乎想象。如果你也想打造让人怦然心动的自己，请务必尝试。**你要知道，不管失去了什么，你都还是你。**

独立的人，就会懂得取舍，不好的东西，带来负能量，无法让生活更好的东西统统扔掉，让自己不快乐的人也会放弃。

什么是时尚？
法国人只需十件衣

法国一直被人认为是时尚之国，女性的王国，巴黎更是时尚之都，那里人们的穿着就好像是一部部时尚圣经般，引来全球的模仿。如今的时尚是什么，只要看看巴黎就好。我的朋友雅兰刚刚从法国回来，却让我大跌眼镜。

雅兰是个奢侈品爱好者，非常喜欢购买各类奢侈品，当季的最新服装都是不落，光是丝巾就有了 50 多条，她说这样可以搭配不同的衣服。作为热爱时尚的女孩，她选择了去法国度假，想要提升些时尚的品位。于是她带着两个空的大行李箱前往法国，打算大肆采购一番。回来时，行李箱里除了放着送人的礼物外，只有两件基本款精致的衣服。

变化还不止这些，再次见到雅兰的时候，她已经不再穿着夸张，单调又不失优雅，并且她居然穿上了之前见过的衣服。这是原来想都不敢想的——她有个原则，见同一个人衣服不能穿两次。

PART 04
物质极简：
不迷恋、不堆积

雅兰家里也收拾得干干净净，原来被堆得满满的衣帽间，如今空荡荡的，只挂着几件精致又适合她的衣服。口红也从原来的60多支缩减成了5支基本色。没有了那么多衣服和化妆品，她的家也比以前整齐得多。

见到我很惊诧，雅兰微笑了下，告诉我她到巴黎才知道什么是真正的时尚，才了解何为时尚。

时尚并不是穿着花花绿绿、五花八门的衣服，更不是大衣柜里堆叠的如小山一样的储备。在法国，女人只需要十件衣服就足够时尚，足够优美。再多的衣服也不如这十件优美。

因为这十件衣服是精心挑选出来，完全贴合自己气质的衣服，好像量身定制一样。可以将自己的气质和个人的特色展现出来。很多女人有很多衣服，可是怎么也穿不出自己的风格，无法展现自己的气质。就在于她们根本对自己不了解，不知道自己到底适合什么，穿得越杂，拥有衣服越多，反而越没有自己的特色。

在法国，没有人会因为你穿着得多花哨而对你另眼相看，也没有人会在意你身上的衣服是不是名牌，值多少钱。你的气质和品位是不需要靠多么贵重的衣服、饰品以及鞋子来体现的,也不是多么大牌的彩妆可以勾勒出的。那是从你的脸上、你的表情、你处世的态度中能够散发出的魅力,这才是最迷人的。

所以法国人对待物品的态度更为客观。脱离了炫耀和攀比,物品就回到了物品本身。它为我们的生活服务,并让我们生活得更好。法国人并不会以拥有多少东西,拥有多么贵重的奢侈品为豪,更不会用物质来打造自己的个人标签。法国人更在乎的是精神世界,一份精神上的淡然。

她们虽然时尚,但是她们的时尚在于对生活和艺术的追求,对美的追求。对她们而言,去逛奢侈品店,去购买大牌的衣服和包包,并没有在一个舒服的午后,坐在咖啡馆安静地喝一杯咖啡,看一本书要更为舒适,更让她们快乐。她们快乐的源泉在于精神的满足,而不是对物质的追求。

我们早就习惯了因拥有一些东西而沾沾自喜,一切就像是永无止境的追逐,物品成为唯一的尺度,所有人都深陷其中,并为此奔命。在我们的脸上都是肤

PART 04

物质极简：
不迷恋、不堆积

浅和对物质的欲望，总是希望有更多的东西能让自己"看起来"更好。

价值感缺失，物品就成为唯一的尺度。

看如今，人们经常趁着大减价去疯狂购买的廉价品，再多也无法体现出自己独特的韵味。因为买得越多，就越只图新鲜感，或者是抱着尝试的感觉。越多的衣服越无法体现个人风格。没有个人风格也就丧失了气质，衣服本身除了好看外，不会带来任何其他的作用。衣服多了保养就会疏忽，即使再贵的衣服不认真保养，也会变得廉价，看起来和那些便宜货没有区别。

与其总是花大价钱去抢购，还不如把这些钱省下来去买几件真正适合自己的精品服装。并不是最新、最花哨、最贵的东西就是时尚。只要搭配得当，就永远不会落后于时尚。

然后把剩余的精力都用在自己的身上，衣服永远都只是衬托的工具。时尚是来源于每个人独特的气质，你本身的内涵、行为处事、精神世界所决定的。不要再去盲目地追求物质，盲目地去追求当季新品或者是不得不买的爆款产品。多用些精力在培养自己独特的气质上，将精力从物质中解脱，多放在精神上，你会有新的收获。

把日子过成诗，与贫富无关，只和修养有关。有诗歌可下酒，有梦想可实现，才是让人生更为丰富充盈的方式，而这些，都远比物质本身来得重要。

PART 05
工作极简：
不拖延、不抱怨

别总抱怨自己的时间不够用，
时间就在那，不增不减，

你只是没使用正确的打开方式而已。

找回对自己的信任

在职场中,你是否感到自己被束缚住了呢?

当面临一项难度很大的任务,当面临复杂的人际关系,当面对领导的时候,你是否有过想要退缩的念头?之后这些就成了你的压力,让你寝食难安,生活被扰得一团糟,做什么都不踏实。

造成这种问题的主要原因其实并不是任务有多难,人际多复杂,领导多苛刻,而是你自己对自己的不信任。

因为不信任自己有能力可以去解决,才会被难度所吓住。因为不信任自己可以处理好人际关系,所以干脆不管不顾。因为不信任自己做得很好,才会害怕面对领导。职场上大多数的做不到,其实都是我不相信自己可以做到。

轻松地面对职场,就要找回对自己的信任,只有自己信任自己,别人才能信任你。

PART 05
工作极简：
不拖延、不抱怨

如何找回对自己的信任呢？那就要做好以下四个方面。

▶ **充分了解自己，知道自己的优点，知道自己的缺点，知道自己所擅长的方面。**

很多人不信任自己，是因为根本不了解自己有哪些方面的能力。先要充分地了解自己，知道哪些是自己能力范围内的，哪些是能力范围外的，哪些通过努力就可以达到的。知道自己适合怎样的工作方式，怎样的处理方法。只有先了解自己，才能够施展自己的能力，找回对自己的信任。

如何了解自己呢？就要听听别人的意见，以及找到属于自己的工作风格。看看自己在哪方面做起来最为轻松，目前觉得自己哪个方面没有问题。同时为了防止盲目，也要听听同事的观点。对之前的工作进行总结，看看哪些是自己真的擅长的。

▶ **用"我可以试试"代替"我不行"。**

不要总是说不行，或者一旦觉得不行就放弃，要勇于尝试。只有勇于尝试，才有进步的空间。总是说不行也是对自己的一种催眠，久而久之就会觉得自己真的不行。不要总给自己这样的暗示，要告诉自己我可以做到，通过努力和改进，我可以达到目标。如果你觉得自己不行，那么不会有人觉得你可以。给自己些自信，不要总是从一开始就否定自己。

▶ **找出问题和差距所在，全力去弥补。**

如果发现自己的能力确实有差距，那么就要想办法去解决，而不是放弃或者是唉声叹气的，顺其自然。发现自己哪些地方确实不行，就要及时去向前辈请教，查看工作记录以及在网上或者书上找答案。千万不要因为遇到一些困难而半途而废。这样否定自己，既会让自己彻底否定自己，也会让别人否定自己。

每个人都不是完人，在某些地方不会也是人之常情，重要的是你要想办法去学会。不要害怕学习，或者害怕麻烦，那只会带来更大的问题。虚心请教，脚踏实地地去学习，锻炼自己，你会发现自己原来可以做到，并没有想象的那么困难。

PART 05

工 作 极 简：
不拖延、不抱怨

▶ 及时总结，事情过后也要进行自我总结。

总结自己这件事做得如何，哪些方面遇到了问题，又是怎样解决的，这些都有助于在下一次遇到相似问题的时候不会迷惑。总结自己的问题所在是为了之后避免问题再次发生。同时在总结的过程中，你会看到自己的成长，相信自己有能力可以做成这方面的事情。

不要急于否定自己，每个人都是潜能无限的，相信自己，找回自信，你会发现其实很多事情并没有想象的那么艰难。只要你肯用心，没有什么是办不到的。

让工作变得轻松起来，就不要给自己那么大的压力，相信自己有实力去解决这些问题，放松心情，放松自己的内心。

任何事情都可以归为四类

在工作中经常会遇到手忙脚乱的情况，许多事情一股脑地轰炸过来，看起来一点头绪也没有。经常会忙得没时间喝水，却发现该做的没有做，工作效率低下，自己也累得不行，还受领导批评。

这是因为你没有弄清工作的主次关系，毫无条理地抓来一件做一件造成的。如果有条理、层次分明地去做，会事半功倍。

时间管理四象限法将任何事情归为四类：重要且紧急的，重要不紧急的，不重要但紧急的，不重要不紧急的。

遇到事情堆在一起都要处理的时候，就要先将它们分类，哪些事情属于重要且紧急的，哪些不重要。不要在乎分类所用的这些时间，磨刀不误砍柴工，事先做好准备，才能够条理清晰地有条不紊地一件件去完成。

PART 05

工作极简：
不拖延、不抱怨

▶ 首先要做的事情一定是重要且紧急的。

　　这类事情才是你的领导所关注的点，也是你体现能力和价值的地方。面对重要且紧急的事情，要按紧急程度排序，越紧急的越要优先去做。

　　处理这类事情的时候，一定要将注意力足够集中，一次只做一件事，不要想着同时都可以办了。因为这些是最重要，值得耗费精力全力以赴。认真地踏实地想好每一步，当把重要且紧急的事情都做完后，再去做其他的事情。

▶ 之后要做的是不重要但紧急的事情。

　　这类事情往往是些事务性工作，可能没那么重要，但是很着急，不做的话会对你产生不好的影响。所以按照紧急程度，这类事情也是需要赶快处理的，以免不及时做完产生其他问题。

　　面对紧急问题，依旧是要精力集中，免得耽误了时间，让简单的事情变得复杂化，那样就得不偿失了。

▶ **再之后是重要但不紧急的事情。**

这类事情往往需要消耗大量的时间和精力，那么既然着急的事情都做完了，这个就慢慢地耐心地去做就好，不用再想其他的东西。要知道你做完这些后，就只剩下不重要也不紧急的事情了。

▶ **对于不重要不紧急的事情，可以选择两件一起做，来节约时间。**

但是尽量不要出错。在职场上一点小错误，就可能会引起大麻烦。

条理清晰地完成工作是一个人能力的体现，但这并非什么难事。如果在工作中发生了突发情况，或者临时增加了工作，也要按照这四种分类分好。不盲目去做，做事就要做到点子上。先把重要又紧急的事情做好，才能让自己做其他事情的时候不被那些事情所烦心，也不会惦记那些事情有没有做，会不会出什么问题。

PART 05
工作极简：
不拖延、不抱怨

　　在完成工作的时候，也千万不要有拖延的心理。紧急的事情不会等你，重要的事情不会因为你的拖延而变得不重要。踏实地做好每一件事，才是证明自己能力的好办法。

　　做好分类，条理化你的工作，你会发现再多的事情也不过这四类。按照这个方法去做的时候，再繁杂的工作也变得清晰。

　　别总抱怨自己的时间不够用，时间就在那儿，不增不减，你只是没使用正确的打开方式而已。

别总抱怨自己的时间不够用，时间就在那儿，不增不减，你只是没使用正确的打开方式而已。

一次只做一件事

小武近来工作量很大,公司业务的增加让他每天都忙得不行,恨不得多几个分身来帮忙。为了能够早点把活儿都干完,他选择了统筹学的一次做几件事来增加效率。结果不仅效率没增加多少,错还出了一堆。为了弥补这些错误,他只好再花费更多的时间和精力去重做,这让他感觉更累了。

和小武工作量相当的阿龙就和他的做法正好相反。阿龙看起来做事比他慢很多,但最后交工的时候永远比小武要快,做得要好,出错更少。阿龙的原则是一次只做一件事,即使事情再多再杂,他也坚决一次只做一件。开始有同事嘲笑他不会统筹时间,只会硬干。但后来发现,全组中,只有阿龙的效率最高,出错率最低。

一次只做一件事,听起来好像并没有很合理地运用时间和精力,但其实这才是最好的做事方式。因为只

PART 05

**工作极简：
不拖延、不抱怨**

做一件事，才能够把精力百分百地放在事情上，认真地想办法，一步步地去做，去检查。

这样子看起来是会慢很多，但实际上因为只做一件事，效率反而更高。当一个人把精神和时间都用在这一件事的时候，完成的质量也会比三心二意的要好很多。

出错少，就意味着节省了修正时间和精力，事半功倍。

有时候工作中总会突然出现一些事情打乱原有的工作计划，红月经常遇到这种问题。经常在做到一半的时候，就会有其他紧急需要处理的事情。原来红月总是想着如何可以一起办完两件事，以免这件事做到一半放下乱了思路。但是每次这样子，两件事一件都办不好，自己还忙得不可开交。

之后红月请教了前辈，前辈让她准备一个单独的本子，划分为四个区域：重要且紧急的，重要不紧急的，不重要但紧急的，不重要不紧急的。把所有遇到的事情划入这四个类别中。当有紧急的事情时，先记

🏷 抛除杂念，做一件事情就要踏踏实实，心无旁骛，不要做着这件事情，想着其他工作，这样两件都做不好。

PART 05
工作极简：
不拖延、不抱怨

录下自己当前的工作进度和下一步需要做的东西，然后去做那件紧急的事情。对于之前的工作暂时先不去想，认真地办好那件事后，再按着之前本子所记载的完成之前要完成的事情。这样即使中间去做了别的事情，有了记录，也不会忘了要干什么。

按照前辈的方法，红月发现自己的效率比以前高多了，出错率也少了很多。

在职场上，像红月一样经常遇到突发事件的事情经常发生，让我们无法踏实地去工作。这个时候，工作日志就显得格外重要，在去做别的，紧急的，必须做的事情前先把手上的活儿记录下来，把思路和步骤都记录好。这样做完那项工作后，还能继续回来做这项工作。

一次只做一件事，才能做好。人的精力只有一份，强行分割，一心二用，往往什么都做不好。如小武一样，想要提高效率，但适得其反。

抛除杂念，做一件事情就要踏踏实实，心无旁骛，不要做着这件事情，想着其他工作，这样两件都做不好。更不要想着可以把统筹学中的一次做两件或者做几件事情搬上职场。**职场是不允许有疏忽和错误的，认真对待每一件事，保证不管哪件事都不出错，都能做到最好，才是最重要的。**

人就是这样一种动物，一些小事如果能给你正面反馈，那么其实这件事会给你带来很大的变化。所以，请一次做好一件事，每次做好一件事。

办公桌和工作能力，一目了然

让我印象特别深刻的一件事情是，去一家大公司面试时，门口贴着这样几个字："要简洁！所有的一切都要简洁！"这有两层意义：第一，提醒办事要简洁；第二，说明简洁很重要。

生活本是简单的，每件事情都是简单的，可是为什么却越活越累，越活越复杂，甚至要把"简洁"作为要求贴在公司门口提醒每位员工呢？

如果说一个人家的状态就是这个人的内心状态，那么职场上一个人办公桌的样子就是他工作能力的体现。

职场精英绝对不会允许自己的桌子乱成一团，文件随意地堆在一起，办公用品和摆摊一样地散乱着。更不会允许自己的桌子上有和工作无关的东西，比如小玩具之类的东西。他们的办公桌往往整齐、整洁，所有的文件都放在应放的位置，并按照序号排列好。这样，在他们需要的时候，不用耗费任何额外的时间花在查找上，一目了然。每件办公用品都放在顺手的地方，方便使用，又不会显得乱。而那些经常见到的小盆栽之类的东西，根本不会出现在他们的桌子上。

专业、职业、敬业是职场人的信条，也是办公桌应该体现的状态。一个乱七八糟的办公桌，会影响人的工作心情。当你一到办公室就看到满桌子的文件时，心情也不会好。当你找一个文件怎么也找不到的时候，就会急躁、烦乱，该做的事情可能会因此受到影响。要是东西没有放好，沾上咖啡渍等，就会显得你的工作能力低下。

一个人如果连自己的办公桌都收拾不好，那么他对待工作的心态就和办公桌所表现的状态一样，没有条理，没有层次。

收拾好你的办公桌，让它显得整齐，也是收拾好你的心情，去面对工作。

将办公桌收拾好，首先就要把文档全部整理好，不要新的旧的都混在一起。要注意文档的次序，按照类

PART 05
工作极简：
不拖延、不抱怨

型、重要性和时间对文档进行归类。这看起来是一件很耗费时间的事情，但是做完后，你会发现在忙于工作的时候，查找变得更快速了，不必再花费大量时间在自己的桌子上胡乱翻着。在无形中，省去了很多的时间。

将有用的文档整理好，放在一个地方，并贴上明显的标签，提醒自己这是什么东西。将无用的文档粉碎，不要让它们再占用空间。

确定每件办公用品的固定位置，用完就放好，不让自己花时间在找办公用品上。尤其是常用的笔、订书器、计算器等物品，一定要放在顺手可拿，又不影响自己的位置，放得尽量地整齐，看起来也会舒服很多。

将办公用品随便放置，很容易在需要的时候找不到，影响整个工作。如果由于着急没能放好，就在事情都做完后物归原位。只有每件东西都放在应在的位置上，用起来才会得心应手。

和工作无关的东西不要摆放太多，太多的杂物会让你工作分神，让别人看着也会觉得你不够职业。有些女孩子喜欢在办公桌放些小玩偶、小玩具或者是盆栽。放一件两件是调节工作气氛，放过头了就会让人感觉幼稚、不成熟、不够职业。而这些东西也会在工作中让人分心。要是想不被这些东西所影响，就把那些可爱的小物品都带回家吧，不要让这些东西给你的工作增加麻烦。

经常擦拭办公桌，不要让电脑和桌子上有灰尘或者是其他痕迹。在把办公桌清理干净后，就要注意日常卫生了，干净整洁的环境才让人更舒服，也更能集中精神力用在工作上。不要让灰尘和一些别的痕迹，比如水迹、笔迹等将办公桌弄脏。

收拾好自己的办公桌，也就是收拾好自己工作的心情。更整洁的办公桌可以带来更高的效率，让你的工作能力更强。

🏷 上 / 专业、职业、敬业是职场人的信条，也是办公桌应该体现的状态。

🏷 下 / 将办公用品分类收纳好，才能给办公桌带来整洁，更整洁的办公桌可以为你带来更高的效率。

能立刻解决的，现在就做

为什么我们经常烦恼，觉得工作越做越多，怎么也做不完？拖延症是职场的大忌，也是影响我们工作的首要敌人。

因为拖延，我们本身的工作没有完成，又要面临新的工作，就会让我们倍感压力，觉得力不从心。尤其是必须完成的时限要到来的时候，更是让我们感到烦躁。这时做事往往效率也不会高，质量也不会好。

拖延本身并不能解决任何事情，也不能帮助我们完成工作。这是一个每个人都知道的恶习，但又经常因为各种原因给自己找拖延的理由。比如再等等，吃完饭再说之类的话。最后就是等得所有的事情都混在一起，每件事情都必须去做。本来简单的工作就因为拖延变得复杂，更有可能本身简单的工作因为拖延而变得困难起来。

拒绝拖延症，能立刻解决的，现在就做，不给自己任

PART 05
工作极简：
不拖延、不抱怨

何拖延的借口。

要想摆脱职场拖延症，可以试试下面这几种办法。

▶ **将要做的事情全部列出来，精细到每一小项。**

每当你做完一件事的时候，就在旁边画个钩，或者直接涂抹掉。完成一件事带来的成就感和轻松感会让你觉得这些东西也没有那么困难，也是很简单的，可以督促你继续做下去。

当你把所有的事情都列出来后，贴在一个醒目的地方，也是给自己一种危机感，提醒自己有这么多事该做而没有去做。让自己知道没有那么多时间可以拖延，只有一项项做完才能够休息。

▶ **为每件事都加上时限。**

比如这件事情我要在三分钟内做完，那件事情我要在几点前必须完成。需要注意的是，这些时限一定要比你交工的时限早一个小时以上，以保证万一有突发情况也可以按时完成工作。

为自己增加时限，细致到每一件小事上，增加紧张感，也能让自己清楚地知道每件事情都不能拖着，必须早些做完才可以。

▶ 在办公桌明显的位置上醒目地贴上"不要拖延"的字样。

虽然听起来有些傻，但这种心理暗示的办法却很有用。只要一抬头就能提醒自己不要拖延，该做什么做什么，不能浪费时间。这样简单的办法往往有意想不到的效果。越简单，越容易被提醒，不断地提醒自己，起到警示的作用。

不要把明明可以立刻解决的事情，拖到后面去做。**能够立刻解决的事情，既然可以很快地做完，就不要拖延着，让工作变得复杂。而且很有可能因为你的拖延，本身可以立刻做完的事情，到了后面就变得复杂不那么好做了。那时候再后悔也来不及了。**

能马上解决的事情就立刻去做，也要上心地去做，不要因为简单就变得随意，潦草地凑合了事。那样可能后续会出现新的问题，把本来很简单的事情变得麻烦起来。即使是再小的事情也要足够用心，足够认真，不要出错。

清理你的缓存

每当完成一件工作，就会留下相应的痕迹。就好像每次操作电脑的时候，都会在电脑中留下相应的缓存。这些缓存如果不能及时清理，电脑运行速度就会变慢。在工作中也是如此，如果工作产生的缓存没有及时清理，工作效率也会被拖累，还会白白浪费很多精力。同事或者上司看到了，还会觉得你做事没有条理性，怀疑你的工作能力。

那么要清理哪些缓存呢？大概分为以下四个方面。

▶ **过期无用的电子邮件**

很多人以为现在邮箱空间越来越大，电子邮件可以不用清理，反正又不会涉及邮箱空间已满的问题。但这种想法是错误的，虽然空间可能不会满，但如果哪天你需要找一份邮件的时候，你会发现它早就被一堆无用的旧邮件淹没。一页页地回去翻找，既浪费时间，也浪费精力。

🏷 过多的旧便签，也会让人看不清新便签的位置和提醒自己的东西。

要清理的电子邮件，包括已经过期没有用的邮件、垃圾邮件、广告邮件、重复邮件、错误邮件等。

这些邮件对你的工作并不能起到帮助，就顺手清理掉吧，不要觉得麻烦。清理掉这些东西后，真正有价值的东西才会一目了然，等你需要的时候，才能一下找到。

▶ 无用便签

做便签是一个好习惯，用便签记录该做的事情，已经做了的事情，记录临时的电话和想法，又或者是仅仅提醒自己。便签在工作中的应用十分广泛，也是辅助工作的好工具。但没用的便签就扔掉算了吧，不要让这些东西影响你工作的心情。

贴得满满的便签会给人带来一种紧张感和压迫感，好像很多事情都没有做一样。过多的旧便签，也会让人看不清新便签的位置和提醒自己的东西。

PART 05
工作极简：
不拖延、不抱怨

当有用没用的便签都混在一起的时候，便签起到的作用就会大打折扣。所以将它们整理干净，把那些确实没有用的便签全部扔进垃圾桶，再去贴新的便签。

▶ 电脑桌面

很多人的电脑桌面很乱，上面图标一大片，文件和图表也都堆在上面，密密麻麻的让人看着就心烦。电脑桌面杂乱的人工作效率也不会有多高。应该分类在各个文件夹和硬盘里的东西都没有分类放好，反而堆在桌面上，在找和备份的时候都会造成麻烦。

如果是临时来不及存在桌面上的东西，就要定时地进行整理。草稿和没有用的东西就删除。电脑桌面上，除了必需的几个图标外，其余的东西都不要有。常用的东西可以放在一个文件夹里，文件夹起好名字放在桌面。但不要都摊在桌面上，让人打开电脑就感到烦躁。

▶ 过期无用文件

工作中经常会产生大量的文件，过期或者是没有用途的文件扔掉就好。既然本身没有用了，这种东西也没有任何的纪念价值，就不要让它们占着你的办公桌和文件夹。

直接粉碎或者是丢掉就好。否则，这种东西只会越积越多，越积攒越没用，还会影响你去找真正需要的文件。

处理这类东西的时候要小心，首先要确定是不是真的没有用。确定要看再要看上面有没有涉及一些秘密，或者是不能被人看到的东西。如果有的话就拿黑色笔涂黑后，再用粉碎机粉碎。要是什么都没有，只是没用的话扔掉就好了。

把麻烦的事情变简单，将极简力用在职场中，工作才会更轻松，更高效。只有清理好电脑的缓存，电脑才能和原来一样快。只有清理好工作上的缓存，才能不在这些东西上消耗无用的精力。清理好你办公桌上的缓存，就是清理你工作上的冗余。不仅自己看着会舒服很多，做事会更加明晰，同事或者上司看到也会觉得你是个做事有条理的人，对你高看一眼。

定期给自己的工作和生活都清理"缓存"，把你从混乱无章的感觉中解救出来，让头脑有清理内存、彻底净化的时间。

清理掉你的缓存，适时把自己"归零"，就会不断追求卓越，在"归零"之后再赢得新的成绩。

PART 06
生活极简：
不花哨、不浪费

简单地亲近着生活，
亲近着大自然，

带来的快乐也是简单而美的。

放弃无用的社交

在生活中很多时候我们都为社交所累，响个不停的手机，联系不完的人，去不完的局。在紧张的工作外，时刻也不能休息，要不停地去和不同的人打交道，不断地伪装自己，不能松懈。久而久之，本来就很紧张的生活，被压缩得更不像样。

清水就遇到了这样的问题，他被自己的社交圈缠得喘不过气。看起来他的朋友很多，总是有局，下班后总是和各色的人聚在一起。但实际上只有他自己知道这些都是为了什么。有些是因为人情不得不去，虽然自己可能也不喜欢那些人，但是为了人情往来怎么也要去。有些是想积累日后的人脉，要多去认识人，才逼着自己去。还有的是顾及原来的感情，虽然已经越走越远，但还是要时不时地聚聚。

这样子的社交让清水十分疲惫，除了聚会，平时还要多打电话联系，过年过节要问候，生日也要记下来，

PART 06

生活极简：
不花哨、不浪费

社交网络发了信息还要去回应。清水感觉自己除了工作就是在维护这些社交，完全没有了自己的生活。

阿葵也遇到类似的问题，只不过她是被自己几个负能量爆棚的朋友缠住了。这几个朋友天天和她吐槽生活中的事情，一点小事就要吐槽很久。发信息不过瘾，还要打电话，一吐槽就一个多小时。平常动不动就拉着阿葵陪着散心。阿葵本身工作很忙，休息时间还要去陪这些人，自己很多想做的事情就没有时间去做。不仅如此，她们的负能量还把本来阳光的阿葵也带得压抑，阿葵经常感到力不从心，有时候还会想哭。

黑二有很多的同学朋友，没事就聚聚，一个星期要聚两三回。在一起不是吃饭就是唱歌，每次都要玩到凌晨才回家。第二天上班的时候，黑二经常觉得没有精神。但要是不去的话，又会被说，还要在下一次请他们喝酒。黑二现在最怕的就是这样的局，不去不行，去了又觉得没意思，整个人的生活都被扰乱了。

生活中这样的事情比比皆是。很多时候我们为了维护所谓的社交投入了巨大的成本，最后一无所获，自己还很累，耽误了很多应该做的事情。人的精力是有

157

限的，当投入到无用社交中越多，该做的事情就会被耽搁，最后得不偿失。

如何分辨什么是无用社交呢？这就要从这几个方面来判断了。

▶ **这种社交活动对你的生活和工作有没有帮助。**

很多时候我们参加一个局仅仅是为了玩，对生活和工作一点帮助也没有，认识的人也不会对自己有任何的帮助。这样的社交就是无用社交，即使投入再多也不会有任何的回报。社交不在乎你认识了哪些人，在乎的是这些人是否能对你的生活和工作有所帮助。就好像是清水遇到的问题，认识了很多人，要花很多时间去维系感情，但是这些人除了挤占他的生活外，丝毫没有对他起到任何作用。这样的社交就要远离，不要花费大量的精力在这种社交上。

▶ **这种社交活动会不会给你带来负能量。**

这种社交最为可怕，会在无形中吞噬你的精力和正能量，让你也变得颓废起来。就好像阿葵遇到的情

PART 06
生活极简：
不花哨、不浪费

况，谁都会心情不好，但是如果总是心情不好找你吐槽就要当心，不要让她依赖上你。一旦依赖上你，你就会被无止境的负能量包围，似乎你的存在对她而言就是为了吐槽的。说难听点，你已经沦为了她的垃圾桶，她能给你的也只是垃圾。远离负能量满满的人，她们只会遮住你的阳光，让你也和她们一样陷入低谷。不要总是抱着一颗圣母心态觉得自己可以真的帮得上她们，事实上，反而被她们消耗。只有远离了负能量，你才能够接受正能量，更好地生活。

▶ **这种社交活动强迫你不得不去参加，但是又没有实际的意义。**

如黑二一样，被迫去参加聚会，不去的话就会被人说，甚至还要花钱。这样子的社交等同于把人绑架在了情分这个词上，以情分为名去占用你的时间，而你也感觉不到快乐。很多时候我们出于难为情，或者觉得多年的情分不要就这样毁了的想法，强迫自己去参加。但真正的朋友绝对不会强迫你去做这样的事情，也不会逼迫你去吃喝玩乐。这样的社交无异于酒肉朋友，没有任何实际的意义。

▶ **手机通信录中的人脉不是真的人脉。**

在手机和网络流行的现在，很多人以手机通信录中人越多越自豪，错误地把这些人当成了是自己的人脉。在这些人身上浪费了大量的精力和时间，盯着他们的社交网络是否更新，是不是该点赞、该评论。以为手机上的这些人脉今后在生活中和在工作中都可以用得到。

殊不知，其实都是点赞之交，并不是精心维护的感情，当打着这种扩人脉的旗号社交的时候，撕破了外衣，里面利益的面目还是会露出来，大家都露出这副面孔，今后的社会将会成为病态的社会。没有真实情感，也不愿意表达真实情感，人与人之间只有利益，会多可怕。当你对他们没有价值的时候，你就被他们列为仅仅是朋友圈为自己点赞的工具，甚至把你删掉。这样的社交也是不值得维系的。

真正值得维护的社交，一定是对你有帮助，能够给你带来正能量，让你感到轻松的社交。不要为了无用的社交消耗太多的精力和时间。放弃无用的社交，不要再期盼从中可以得到什么，学到什么。给自己腾出空间和时间，让社交简单些，让生活简单些。

PART 06
生活极简：
不花哨、不浪费

不要以为你去参加一个个聚会或者晚宴，你就拥有了所谓的人脉，如果你本身对与会者是"无用"的，一直以 nobody 的身份参加各类应酬，你仍然一直只会是 nobody。

避免所谓的"合群"，放弃无用的社交。当你没有达到更高层次的时候，人脉是不值钱的，请记住，人脉不是追求来的，而是吸引来的。只有等价的交换，才能得到合理的帮助——虽然很残酷，但这就是真相。

就像那个广为流传的故事：你是砍柴的，他是放羊的，你和他聊了一天，他的羊吃饱了，你的柴呢？所以，请放弃你的无用社交。

在你自身还没有修炼到足够强大、足够优秀时，请勿在社交上花费太多宝贵的时间，多花点时间读书、提高专业技能，提升自己，世界才能更大！

职场女性的简易养颜经——简约而不简单的生活

极简生活强调的是内在的平静,但对于现代女性而言,外在也是很重要的。尤其是忙碌在职场上的职场女性,生活已经被工作占去了很多,就更需要花时间来维护自己的容貌了。

很多职场女性会选择花钱去美容院做美容,每个星期定期做。但常常花了很多钱,效果却并不太好。还有人会去买昂贵的护肤品和美容产品,但花的钱和收到的效果往往又不成正比。

不知道什么时候起,很多人认为在脸上糊东西可以渗入到皮肤中,让皮肤变得好起来,却忽略了最简单的从内而外的调理。在中国的中医中,就很注重从内调理,来改变外在的气色。在中医理论中,通过内在的补充和调养,可以保持青春,起到养颜的作用。

作为忙碌的职场女性,时间就是金钱,下面就介绍

PART 06
生活极简：
不花哨、不浪费

一种简易养颜经，每天只用花很少的时间，就能起到养颜的效果。那就是现在开始流行的花朵美容经。

每个女人都喜欢花，要想和花一样娇嫩就要先了解和合理利用鲜花和干花。鲜花在花店就可以买到，干花在超市就可以购买，是一种非常容易又时尚的新养颜法。只需要每天喝几杯，一个月就能得到相应的成效。

美白祛斑，让你的皮肤从内蜕变的神奇花茶：
玫瑰+桃花+柠檬片，晚上喝的时候可以加入番茄汁及蜂蜜

玫瑰是众所周知的女性之花，里面含有的维生素A、维生素C、维生素B、维生素E、维生素K，以及单宁酸可以促进皮肤的再生和美白，还能提高免疫力。玫瑰性温，味道甜美，但不要和茶叶一起放，以免遮盖住本身的气味。桃花也是美容之花，长期饮用可以促进体内新陈代谢，加快皮肤的成长。同时，桃花也有着补气血的作用，可以让饮用者面容红润，长期饮用可以达到面若桃花的功效。

柠檬的美白效果在于独特的柠檬酸，可以溶解黑

色素，让皮肤焕然一新。如果有条件可以喝鲜柠檬片，干柠檬片的效果要略差一些。番茄汁的番茄素也可以溶解黑色素，但一定要用新鲜的番茄榨汁。市面上的番茄汁饮料中含有太多添加剂，对身体没有好处。蜂蜜温和，有补水的作用，还可以很好地调节口味，以及有助眠效果，适合在晚上饮用。

**调节月经，改善内分泌情况的神奇花茶：
月季花 + 玫瑰茄 + 红枣 + 冰糖**

月季花又被称为花中皇后，在中医中，月季味甘，温和，可以入肝经，有着活血调经，消肿解毒的功效。月季花还可以去瘀血，通气脉以及止痛作用。气味芬芳，非常适合日常饮用。玫瑰茄和玫瑰不同，又被称为洛神花，气味香醇，喝起来有些微酸。含有丰富的维生素 C、接骨木三糖苷、柠檬酸等营养成分，有降压和放松心情的效果，同时也有着祛瘀的作用。但玫瑰茄中果酸较多，胃酸过多的人不宜多喝。

红枣的补血功能众所周知，不仅吃红枣可以补血，与花茶一起泡水更能让红枣中的补血成分得到充分吸收。红枣要切成片，或者是买专门泡饮的小枣才能完

PART 06

生 活 极 简：
不花哨、不浪费

全发挥作用。但枣不要过多，以免上火。冰糖可以去火，还可以提味，以免因玫瑰茄的酸性太大影响口感。冰糖与月季花相配，能够促进月季花中的活血成分被人体吸收，起到更好的效果。

青春永驻，阻止皮肤老化的神奇花茶：
洋甘菊+金盏花+紫罗兰+枸杞

洋甘菊的味道微苦，带有些淡香，有着治疗失眠、低血压，增强记忆力，降低胆固醇，舒缓头痛、偏头痛或感冒引起的肌肉痛，减轻过敏症状等多种功效。是一种实用性很高的花茶，其中洋甘菊对皮肤非常好，里面的成分可以有效地对抗肌肤问题，起到促进皮肤再生的功能，能够有效地预防衰老。金盏花早在古埃及就被人用在对抗衰老问题上，含有丰富的磷和维生素C，可以养肝明目、消炎养颜，更有着增加皮肤弹性的功效，还可以保护消化系统，增强肝脏功能，刺激胆汁分泌，分解脂肪，起到一定的减肥效果。

皮肤老化除了日光照射外，主要问题在于水分流失。紫罗兰味道香醇，搭配洋甘菊可以起到滋润皮肤，起到抚平皱纹，祛斑美白的功效，让皮肤更加细腻。

长期饮用，还能收敛毛孔，解决毛孔粗大问题。枸杞含有丰富的枸杞多糖、β-胡萝卜素、维生素E、硒及黄酮类等抗氧化物质，有较好的抗氧化作用。枸杞子可对抗自由基过氧化，减轻自由基过氧化损伤，可以延缓衰老。

消除黑眼圈，全面改善睡眠状况的神奇花茶：薰衣草+勿忘我+牛奶+蜂蜜

薰衣草向来有助眠的效果，它可以安定紧张情绪，舒缓神经，让人得到从内而外的放松。泡水后的薰衣草又有着祛痘消炎的作用，还可以治疗头痛、晕眩及腹痛。薰衣草的芳香也有着助眠的效果，将薰衣草装在干净的小袋子里放在枕头下，有助于深度睡眠。勿忘我和薰衣草搭配，不仅花茶的外观会更好看，还会让睡眠变得更美妙。勿忘我富含维生素C，可减缓皱纹及黑斑的产生，促进肌体新陈代谢，有助于在睡梦中加强机体的自身修复。

牛奶是助眠良品，配合着薰衣草煎治成饮品更能够起到全身放松的效果。牛奶醇厚的味道也可以遮盖住薰衣草有些刺激的香味以及勿忘我的涩苦。蜂蜜也有

着安眠的作用，其中的蜂胶可以起到修复肌肤，补水的功效。同时加入蜂蜜有助于提升口感，饮用起来格外香甜美味。

消火排毒，有效防治痘痘的神奇花茶：
金银花 + 菊花 + 百合 + 冰糖

金银花具有清热解毒，通经活络，护肤美容的功效，改善微循环，促进体内有害物质的分解和排泄。早在古代，金银花就已经用于去火解毒，还有着杀菌的良效。菊花也是经常被用于去火的花茶，味道清醇芳香，有着散风清热的作用。菊花中的类黄酮物质已经被证明对自由基有很强的清除作用，可以抗氧化，延缓皮肤衰老。同时，菊花中还有含有 17 种氨基酸，富含维生素及铁、锌、铜、硒等微量元素，长期饮用可以起到保健的作用。

百合被称为鲜花小人参，富含多种胡萝卜素、磷、铁以及多种微量元素，能够清火润肺、安神利尿，还有一定的止咳效果。尤其适合在秋天饮用，更有着温润的功效。冰糖也有着去火的效果，更可以去除金银花的苦涩，喝起来更加可口。

针对自己的问题，选择适合的花茶。只要肯坚持下来，你就能看到自己身体从内而外的改变。不要再去迷信那些护肤品了，从内部调理自己，让自己的美从内散发，像花一样美丽。

只要肯坚持下来，从内部调理自己，你就能看到自己身体从内而外的改变。

理财,要理得清晰、开心

养成理财的习惯有助于我们更好地生活,未雨绸缪,为未来做好准备。但是不要把理财变成负担,更不要让理财成为生活的中心。

阿浩是个粗心大意的人,总是"月光",在家人的催促下他也开始了理财。下载了很多帮助理财的软件,也总是拿手机记录,但钱还是莫名其妙地就会花光。他也不知道问题到底出在了哪里,感觉虽然也在理财,但是财务情况还是一团混乱。一会儿这个软件记一笔账,一会儿那个本上写一笔,有时候太累了就把这事儿放在了一边,过后才想起来,又忘了到底花了多少钱。就这样,虽然阿浩一直在理财,他依旧"月光",依旧没有存款。

琳子学过些理财,但她总是找不对理财途径,别人给她推荐什么,她就去做什么。最后自己亏了很多,也不好意思去找人说。有时候,她也想自己去看些东西，去做些理财，可怎么也抓不住时机，总是处在亏损的状态。

亚美非常有经济头脑，本身学经济的她也很喜欢理财。为了获取最大的利润，一到休息时间，她就会研究各大银行的情况，按照国际形势和国内形势，再结合现在的经济背景，盯着股票、期货。手机软件中，大多也都是和理财有关，只要有时间，她绝对都在低着头研究着。虽然这样子让她挣了些钱，可她却并没有那么开心，总是处在焦虑中。时不时地就得看一眼股市或者期货市场，一有新闻出来就处于紧张状态，生怕自己错过了机会。亚美经常失眠，在晚上她还要看这一天的新闻来决定该怎么投资。一旦赔了些钱，她的心情就会更加不好。

理财，就要理得清晰。

就好像是阿浩，虽然在理财，但是自己在做什么都不清楚，最后钱也没有节省下来，还浪费了很多时间。又或者像琳子一样，总是找途径去理财，但自己也不知道什么适合自己，最后还亏了本。

PART 06

生活极简：
不花哨、不浪费

　　清晰地理财就要知道自己在做什么，用最简单的方式来记账。不要和阿浩一样理财软件下载了很多，自己都不知道该用哪个好。要用就专心地只用一个，或者干脆用手写的方式来代替软件。清楚地记录自己花的每一笔钱，每天睡觉前分条目地列出个表，清晰地记录下花销。这样子日后看的时候，才会清晰明白，一目了然。

　　清晰地理财就要知道自己适合什么。找到最适合自己的方式理财，不要跟随别人的脚步。适合别人的不见得就适合你。要根据自己的情况，有选择地、理智地理财。可以听从别人的建议，但不要让别人替你作决定，更不要别人说什么是什么。要有自己的想法，自己的了解。只有你才最了解自己的财务情况，才能知道什么最适合自己。

　　如同亚美，理财虽然做得很成功，又很有头脑，但生活中

▪ 想要清晰地理财就知道自己适合什么，找到最适合自己的方式理财，不要跟随别人的脚步。

大部分时间都被理财占用，不管在做什么，心里也都在想着理财方面的事情。不仅影响了日常生活，还影响了工作。这样的理财就没有起到让生活更好的作用，反而成了一种负担。

生活中除了理财，还有很多事情可以去做，不要因为总是想着多挣些钱，怕错过机会而被理财所绑架。理财的最初目的不就是为了让生活更舒适、更开心吗？让自己从各种理财的消息和软件中解脱出来，换一种方式生活，更轻松地去享受生活中其他的东西。

选择理财产品也要选择最适合自己的，不要盲目地为了追求利益，将自己的生活变成事务所。一步步地打好基础，让自己的生活更有保障，让内心更淡定一些。不要让理财成为一种负担，成为生活的压力。

理财是为了让生活更美好，只有理得清晰，才能真的实现对自己的财务进行有效管理；只有理得开心，理财才能发挥真正的作用。

要告诫大家的是，理财是生活的一部分，不是生活的全部，不要本末倒置，以为理财可以钱生钱。

慢生活，珍惜身边的小确幸

在捷克作家米兰·昆德拉的小说《慢》中提到，**慢是一种已经失传的艺术**。我们生活在快速节奏的社会中，总是担心稍微不注意就被甩在后面。任何事情都讲究快速和效率，于是，我们想尽办法让自己跟上脚步。

却发现我们并不幸福。在盲目追寻的路上，慢慢地失去了自我，也找不到可以幸福的地方。有那么一句话，慢下来，等一等灵魂。

是啊，慢下来，你才能感受到身边的幸福，不要将它们甩在身后。其实幸福一直将你包围，只是在你急于跟上时代的时候，将它们抛在了脑后。

要怀着感恩的心态去看待生活，发现生活中那些细小不被发现的幸福。

在著名的法国电影《天使爱美丽》中，女主角爱美丽就很擅长发现身边的小幸福。一朵花的盛开，一个陌生人的微笑都让她感到快乐。她也用自己的快乐去感染周围的人，让那些生活在阴郁中的人们伸手去拥抱阳光，她也收获了属于自己的爱情。

幸福是由小事组成的，可能是吃到一份精致可口的点心，可能是今天晚霞灿烂辉煌，也可能是遇见了自己心仪的人。这些都是点滴的小幸福。

现在的人之所以不快乐是因为被欲望包裹了太久，忽略了上天赐予的幸福。想要追求的东西太多，只顾着眼前，而忘了当下。未来的事情尚未发生，当下其实才是最重要的。只顾着追逐的人，是永远不会在意身边的风景的。或许等他追逐到了自己想要的东西，却发现失去的更多。

身边的小幸福，是那些经常被人忽略的小事，那些生活中的小琐碎。养一盆花，每天看着它如何破土而出，又如何亭亭玉立，绽开花瓣吐露芬芳。抬头看看天上的流云，在湛蓝的天空中无忧无虑地飘浮着，变化成各种形状。关注身边的人，感恩家人对我们的爱和支持，感恩朋友一直的陪伴。

PART 06

生活极简：
不花哨、不浪费

　　这些都是幸福，因为一直就在身边，所以才容易被人遗忘。只有用心观察，用心体会，才能明白这些道理。

　　在被誉为世界名著、成年人的童话《小王子》中，小王子非常奇怪为什么那些大人都在忙碌地去追求那些看起来很可笑的权力和金钱，而没有人去在意一朵玫瑰花。

　　是啊，我们要追求的东西实在是太多了，没人在意身边的那些东西，那些美好。而那些恰恰是我们所拥有的，只有怀着感恩的心去看，去体会，才能明白生活赐予了我们多么美好的世界。

　　当你感到压抑时，看一看那些盛开的鲜花充满生命力地迎风摇摆，蹲下身去喂喂流浪猫，感受一下清风的微抚。又或者四处走走，来一块自己一直想吃的甜点，让甜美的气息占领你的味蕾，让美妙的甜蜜驱走内心的苦涩。

　　当你感到疲惫的时候，慢下来，看看身边那些真正爱你的人。珍惜身边的人，珍惜眼前的幸福，不要总是急于追求那些更高更远的东西。当你觉得孤立无援的时候，不要忘记，真正爱你的人永远都在你的身边。

多花些时间在感受生活中的小幸福上，你也会被幸福感染。在心理学上有个定律，就是如果一件事你一直期待它发生，它真的就会发生。这是因为在你不断想的时候，也在不断地给自己心理暗示，推动着你不由自主地往这方面发展，也会花更多的精力去关注与之相关的事情。

如果想要幸福，就要从体会身边的小幸福开始，渐渐地，你会发现，你真的很幸福。

有时候我们走得很远很快，但我们并不幸福。因为我们忘了，真正的幸福正是一直被我们所忽略的，就在身边。

要怀着感恩的心态去看待生活，发现生活中那些细小不被发现的幸福。

亲近生活吧，简而美地过生活

你有多久没有踏实地生活过了？被各种事物缠住了步伐。多久没有亲手为自己做一顿美味的料理？多久没有静下心来看一本书？多久没有陪父母去公园散散步？多久没有走入大自然中感受自然的呼吸？

我们被城市绑架了太久，有太多的诱惑让我们远离了该有的生活。极简就是要远离那些喧嚣，亲近真正的生活。

有些人认为我们每天拼死拼活就是为了可以亲近生活，每天穿梭在城市的办公楼中，全身心地投入工作，为了一点小事斤斤计较，为了让自己能够晋升，挣更多的钱而绞尽脑汁，甚至有些人为了攀爬而放弃自我。

他们觉得自己为了生活已经耗去了大半精力，又哪里还有精力和钱来生活呢？甚至觉得自己过的就是生活，只不过一些人的生活是用来享受，他们的生活是

PART 06
生活极简：
不花哨、不浪费

用来工作和养活自己。

其实这并不是生活，这只是最基本的生存而已，让自己能够活下去。生活不是电视剧和书中那种生活方式，不是去多么豪华的餐厅吃大餐，也不是去最流行的酒吧喝酒，更不是困在写字楼里对着电脑忙碌。真正的生活，其实是最简单，也是最容易被人遗忘的小事儿。看起来稀松平常，但那却是真正的生活，能够带来的也是真正的快乐。

不要让自己每日都与盒饭、快餐这种没有营养的食物为伍，去吸取一些真正的营养吧。每天花半个小时，为自己精心准备一份便当，再带上自己喜欢的水果和酸奶。在工作很累的时候，打开这份自己给自己的礼物，会觉得格外幸福。

为自己制作一份礼物，为自己制作一份惊喜，简单而快乐。不要总被那些琳琅满目的商品迷失了自己，能够自己动手做，就自己动手，会感到不一样的乐趣。

在一部小清新风格的纪录片《小森林》中，女主角就是这个样子。她远离了都市生活，自己一个人回到了小时候的村子，在自给自足中找寻快乐。自己动手腌制番茄酱，清香的味道是任何牌子的番茄酱都无法比拟的。自己动手制作料理，用最天然的食材，用最简单的方法进行烹调，最后做出的是独一无二的美味，每吃下一口，都是满足。

简单地亲近着生活，亲近着大自然，带来的快乐也是简单而美的。

我们被物质包围了太久了，太多的人造之物将生活填充着，不用亲自动手，很多事情都可以做到。这让我们越来越远离生活，流连在商品社会中不能自拔。做什么事情都带着目的性和目标性，生活也变得复杂、烦乱。

生活不只是享受，生活是需要用心去品味的。这不是挣多少钱，或者是多么忙碌可以替代的。生活不是挣扎，不是痛苦地为挣钱或是买更贵的东西而消耗自己的精力和时间，更不是用尽心机往上走，去做人上人的过程。

生活是一种体验，是一种过程，只要你真的热爱生

PART 06
生活极简：
不花哨、不浪费

活，即使在忙碌中也可以亲近生活，感受生活带给你的美好和快乐。

亲近生活，就要能亲自去做的事情，不要让别人或者是别的事情替代。在动手的过程中，你会体会到另一种快乐，在做完后，又会有购买所不能带来的满足感和成就感。自己做出的东西，才有自己的特色，自己的味道。这些是再好的商品也无法替代的。

亲近生活，就是要慢下来，细心品味生活。不要被浮躁的风气代替了思考，慢下来，追随内心的步伐，认真地去观察生活，体会生活中的小美好、小感动。可能是一朵花正在盛开，也有可能是一只小猫冲你温柔地叫着。这些都是经常被忽略的美好，慢下来，耐心下，去感受，去体会。

亲近生活，就是去做自己想做的事情，无关乎名利。生活不同于工作，亲近生活就是要远离工作的繁杂，只关注自己的内心。做自己喜欢的事情，不要去想会不会给自己带来什么名利方面的东西，用单纯的心去做，就能收获单纯的快乐。

🏷 简单地亲近着生活，亲近着大自然，带来的快乐也是简单而美的。

🏷 亲近生活，就要让自己从浮躁中解脱出来，不被那些欲望所迷惑，不被物质所迷惑，在忙碌中不失去自我。

PART 06
生活极简：
不花哨、不浪费

亲近生活，就是陪伴身边那些真正值得爱的人。比如你的父母，你的爱人，你真正的朋友。花些时间在这些真正值得的人身上，和他们一起你会感到轻松、快乐。不用费脑筋去研究什么，不用花心思去讨好，想办法去沟通。用最舒适的方式和让自己最舒服的人一起，才是享受。

亲近生活，就是要亲近大自然，不要总被那些人造之物包围。看看美丽的自然，看看那些非人造的东西，你会感受到另一种美。我们被人工打造的精美围绕了太久，眼睛都有些疲惫了。去自然中亲近最原始的生命力，感受大自然的能量。这是任何人工都无法替代的美。

亲近生活，就要让自己从浮躁中解脱出来，不被那些欲望所诱惑，不被物质所迷惑，在忙碌中不失去自我。用心观察，用心体会，用平和的心态去面对生活所给予的快乐和幸福，真正地静下心过简单而又美的生活。

「买单」为自己的成长

每个人都希望自己成为更好的人，成为更有魅力、更能掌控生活的人。每个人也都希望能够过上自己想要的生活。市面上有太多的书籍教你如何去做，如何变得漂亮，如何变得时尚。但是你要做的不只是要把精力投入在外在，更重要的是培养你的气质，你的内涵。

很多人发了工资后，第一件事就是奔向商场去买自己心仪已久的衣服、包包、珠宝。花了大价钱在这些东西上。但是她们真的因此变得更有魅力了吗？

如果说靠钱就能堆砌出的气质，那也不是你自己的气质，而是钱的气质。

曾经芽子也是这么做的，为了让自己更美，她每个月花很多钱在时尚杂志上。花大量的时间去研究当季的流行，拉着闺密去逛街买衣服，买奢侈品。她还专门报了时尚的课程，去学习如何让自己变得更美。觉

PART 06

生活极简：
不花哨、不浪费

得这样子就可以提升自己的魅力。

确实很有效果，很多人都夸芽子漂亮，会穿衣服，会打扮。但是和她接触久了的人都会在私底下说，芽子也就是外表好看，没有什么内涵，也没有气质。这让芽子很伤心，她一直觉得只要按照那些书把自己打扮好了，就能有气质。

芽子的朋友阿丽提醒了她，如果一个人总是只关注自己的外在，那么内在就会自然地枯萎。投资自己，不仅是要为自己的外在负责，更重要的是要培养内在。一个人外表再好看，如果没有一技之长，没有可以说出的东西，没有丰富的内涵，依旧是没有魅力的。说得好听叫花瓶，说得难听就是金玉在其外败絮其中。

要想真正提升自己的魅力，就要为成长买单，而不是那些奢侈品和时尚品。

为自己的成长买单，就要去学习一技之长，让自己有能够拿得出手的东西。

这一技之长可以是弹奏一门乐器，可以是绘画，甚至可以是烹饪。但是一定要有一技之长，在别人面前可以展现的东西。如果正好你有擅长的方面，就要不断地去发展它，继续学习，继续往前走。一技之长会成为你魅力的闪光点，也是你的个人标签。

为自己的成长买单，就要读很多的书，看很多的电影，发展自己的想法。

没有自己想法的人只能人云亦云，随波逐流。要形成自己的想法，就要有充分的知识储备，这就需要了解很多事情，了解很多种思想。只有这样，你才能够学会选择和分辨，有自己的价值体系，不被别人所控制。

养成独立思考的能力，就需要大量的积累。在日常生活中，通过看书和看电影，去了解别人的想法，去了解最基本的知识，再结合自己的思考。培养自己的独立思考，对事物也就有了自己的想法，让你不同于人群。

有自己想法的人才是个独立、成熟的人。气质是从思想中提炼的。

为自己的成长买单，就不要拒绝任何新的知识，只

PART 06
生活极简：
不花哨、不浪费

有不断前行，才能够有所成长。

永远不要停下学习的脚步，要了解和接受现在最新的知识，最新的事物。不要产生已经学够了的心理。不管是和工作有关，还是和生活有关，总是有很多新的东西值得学习的。不要停下学习的脚步。

如果不是很忙，可以在休息时间报个课程，去学习自己感兴趣的东西。只有不断地学习和接触新的东西，才能够挖掘自己的潜力，不断地前行。

买的衣服可能会过时，买的奢侈品可能会不再流行，但投资自己永远不会失败。任何你学到的知识即使目前用不到，也都会成为你体内的一部分，帮助你成为更好的人。

只有不断地投资自己，让自己往想要的方向发展，才能过上想要的生活。不要把眼光只盯在那些名牌上了，转向自己，看看自己哪里值得提高，哪里还不符合自己的要求。

人的精力是有限的，不要再把精力消耗在那些消耗品上了,要知道真正属于你,可以作为支撑的,只有你自己啊。

报一门课,学习一项技能,发展自己的爱好,合理利用碎片时间,不给自己原地踏步找借口。只要肯花时间,每个人都有成为心目中的自己的可能。

🏷️ 身边的小幸福，是那些经常被人们忽略的小事，那些生活中的小琐碎。

图书在版编目（CIP）数据

极简力 / 小野著. —— 北京：现代出版社,2016.9
ISBN 978-7-5143-5400-3

Ⅰ．①极… Ⅱ．①小… Ⅲ．①人生哲学－通俗读物 Ⅳ．①B821-49

中国版本图书馆CIP数据核字(2016)第232440号

作　　者：小野
责任编辑：张桂玲
监　　制：黄利　万夏
特约编辑：路思维
营销支持：曹莉丽
内文插图：刘勤毅　日光海岸等
出版发行：现代出版社
地　　址：北京市安定门外安华里504号
邮政编码：100011
电　　话：010-64267325　64245264（传真）
电子邮箱：xiandai@cnpitc.com.cn
印　　刷：北京瑞禾彩色印刷有限公司
开　　本：880毫米×1230毫米　1/32
印　　张：6.25
版　　次：2016年11月第1版　2020年7月第13次印刷
书　　号：ISBN 978-7-5143-5400-3
定　　价：39.90元

版权所有，翻印必究；未经许可，不得转载